清华大学特大城市系列研究

城市—区域尺度绿色基础设施观察体系与治理研究

刘钊启 著

中国建筑工业出版社

审图号：GS京（2024）1159号
图书在版编目（CIP）数据

城市—区域尺度绿色基础设施观察体系与治理研究 / 刘钊启著. —北京：中国建筑工业出版社，2024.6
（清华大学特大城市系列研究）
ISBN 978-7-112-29853-2

Ⅰ. ①城… Ⅱ. ①刘… Ⅲ. ①特大城市—城市绿地—基础设施建设—绿化规划—研究—中国 Ⅳ. ①TU985.2

中国国家版本馆CIP数据核字（2024）第097236号

在区域绿色基础设施成为应对全球气候变化、服务国家战略、实现跨区域协同治理的可能抓手，以及城市群成为国家发展与空间治理重要平台的现实背景下，本书以城市—区域尺度绿色基础设施为研究对象，探索城市群整体的绿色转型工具与生态格局营造路径。

本书构建了基于连接度和功能集成度的城市—区域尺度绿色基础设施观察体系，对已有表达城市—区域生态环境质量水平的模型方法进行了改进。此外，本书利用城市—区域尺度绿色基础设施观察体系，对世界范围的8个城市—区域的绿色基础设施连接度和功能集成度进行了比较分析，发现了改善城市—区域生态环境的一般做法，验证了以此观察体系对不同城市—地区、不同历史阶段绿色基础设施质量水平进行比较研究的可行性。本书还对京津冀绿色基础设施连接度、功能集成度提升在政策层面进行了公共经济学的拓展解释，对提高跨区域合作治理认识、改善城市—区域尺度生态环境质量水平具有借鉴意义。

责任编辑：黄　翊
版式设计：锋尚设计
责任校对：姜小莲

清华大学特大城市系列研究
城市—区域尺度绿色基础设施观察体系与治理研究
刘钊启　著

*

中国建筑工业出版社出版、发行（北京海淀三里河路9号）
各地新华书店、建筑书店经销
北京锋尚制版有限公司制版
建工社（河北）印刷有限公司印刷

*

开本：787毫米×1092毫米　1/16　印张：11　字数：226千字
2024年6月第一版　2024年6月第一次印刷
定价：**58.00**元
ISBN 978-7-112-29853-2
（42912）

序

中国特大城市与特大城市地区的生态环境治理，是清华大学建筑与城市研究所长期跟踪和研究的一个重要理论与实践问题。

党的二十大深刻阐述人与自然和谐共生是中国式现代化的特色之一，促进人与自然和谐共生是中国式现代化的本质要求之一。在国家作出“推动绿色发展，促进人与自然和谐共生”的重大部署后，关注特大城市地区绿色发展路径、长期气候变化和自然灾害威胁，并作出有层次性的战略制定和行动响应，对促进人与自然和谐共生具有重要意义。城市—区域尺度是特大城市地区实现全球化竞争、国家战略、区域协同目标的重要层次，也是落实国家战略重点领域、重点地区规划安排，实现不同地区特色化、利益平衡化发展的重要平台。构建整体的生态安全格局，是实现城市—区域尺度各项战略、行动目标的重要前提。对于处于地质灾害高发、风暴潮多发、海平面上升等自然灾害胁迫的特大城市地区，要特别重视发展城市—区域整体的韧性规划措施，在干预理念以及干预政策措施两个方面加强工作，重视空间资源有序利用的科学治理。

2000年以来，清华大学建筑与城市研究所围绕北京和京津冀地区，持续开展研究。发表《京津冀地区城乡空间发展规划研究》一、二、三期报告和专著《“北京2049”空间发展战略研究》，在中国国家博物馆举办“京津冀与首都北京人居科学研究展”，并参与2004年版北京城市总体规划区域协调研究、2011年北京城市总体规划实施评估、2016年版北京城市总体规划和包括北京城市副中心地区、河北雄安新区、张北崇礼地区规划等在内的一系列工作。2017年10月30日，吴良镛先生带领清华大学建筑与城市研究所研究团队到雄安新区和保定城区调研，并与相关领导座谈。吴先生认为雄安新区规划第一要从大处着眼，明确大的前提，包括水、土地、生态环境的基本状况等，要将白洋淀的治理作为新城规划建设的前提。在吴先生的带领下，清华大学建筑与城市研究所团队持续推进京津冀地区的生态环境协同治理研究。

刘钊启从2016年起进入清华大学建筑与城市研究所攻读博士学位。此前，围绕特大城市外围地区空间发展、特大城市地区高质量发展等题目，研究所已有几位研究生开展工作。刘钊启的论文选题进一步围绕特大城市地区的生态环境协同治理展开。本书即以他的博士论文研究成果为基础。本书从城市群合作治理的尺度政治理论出发，结合我国地市级行政单元的空间规模统计学特征，分析定义了万平方公里规模的城市—区域尺度绿色基础设施观察层级；并根据区域共同利益是推动共同行动与博弈根本动力的理论假设，通过对国内外相关研究实践的梳理，提出区域性绿地、河湖水系及绿道是城市—区域尺度下确保空气、水的良好流动以提供生命保障、避免灾害发生的区域绿色基础设施主要任务。本书据此研究建立了基于连接度与功能集成度的绿色基础设施质量水平评价指标。

在此基础上，本书对8个类比城市—区域的区域绿色基础设施发育发展水平进行了比较研究，发现连接度的提升主要建立在植被结构圈层化、绿色空间集聚化、植被落差逐渐扁平化和跨界连续治理普遍化等方面，功能集成度的提升主要建立在人造裸露地表比例下降的灰—绿融合、滨水地区空间蓝绿融合以及主要道路沿线道路—绿带融合等方面。本书就此对京津冀地区绿色基础设施的历史演进进行了观察，发现连接度提升的主要原因在于山地森林规模扩张，功能集成度提升的主要原因在于河流沿线、人造地表周边绿色空间扩张；并认为连接度变化与水源涵养政策、风沙与空气治理政策存在关联，功能集成度变化与水污染治理、公园绿化建设政策存在关联；由此解释为中央投资主导的山地森林建设是连接度提升的主要动力，地方投资主导的小流域治理、公园绿化建设是功能集成度提升的主要动力。研究同时发现，近年来京津冀大城市外围腹地的中小城市地区的部分区域的连接度和功能集成度有所下降，原因在于绿色基础设施建设表现出的脆弱与不稳定性，需要引起重视。

本书探索了城市—区域尺度上绿色基础设施质量水平的观察方法，对进一步推进我国城市群和特大城市地区的绿色发展与生态环境协同治理具有重要的理论和实际意义。

2023年7月于清华园

目 录

第 1 章

绪论

党的十八大以来，生态文明与绿色发展理念逐渐深入人心，成为指导我国区域发展的重要理念。习近平总书记在2023年全国生态环境保护大会上指出，坚持把绿色发展作为解决生态环境问题的治本之策，加快形成绿色生产方式和生活方式，厚植高质量发展的绿色底色。

与此同时，城市群作为国家区域治理的平台之一，其战略地位近年来不断提升。从“十一五”规划首次提出“把城市群作为推进城镇化的主体形态”，到“十四五”规划提出要发挥中心城市和城市群带动作用，城市群已经成为我国推动新型城镇化的重要工具（方创琳，2014；陆大道，2015）。

如何在城市群层面落实绿色发展理念成为一个值得探讨的问题。然而全面、深刻地认识城市群绿色发展与转型面临整体规律难以把握、相关要素难以定量的难题（王海芹，2016）。绿色基础设施作为绿色政策、技术、理念的载体，其完善程度可以从空间和土地利用层面反映（祝培甜 等，2021；胡庭浩 等，2021），是剖析城市群绿色转型的一个研究抓手。

但目前科学认识绿色基础设施的评价体系尚未建立，主要源于以下几方面原因。①概念差异。不同地区、国家间的绿色基础设施定义、理念认知差异较大，且涉及生态、环境、工程、规划等不同专业领域，很难在单一的学科语境下进行讨论。②尺度多元。绿色基础设施涉及众多尺度，不同尺度间的绿色基础设施构成要素、衡量标准、作用领域差异极大，难以一概而论。

本研究的目的便是针对特定尺度，依托尺度政治理论“共同生态利益”视角，界定城市—区域尺度绿色基础设施内涵范畴，并建立相对科学的城市—区域尺度绿色基础设施观察评价框架。利用这一评价框架对国内、国际特大城市地区与城市群绿色基础设施发展规律和演进特征进行详细描述与归纳，进而服务我国城市群的绿色转型与绿色发展。

1.1 研究背景

1.1.1 全球气候变化背景下，区域绿色空间成为保障国土安全的战略性基础设施

随着全球气候变化的加剧，城市与区域面临日益增大的自然灾害冲击风险。干旱、洪涝、风暴潮等气候相关灾害对城市与区域的冲击日渐频繁，单纯依靠灰色工程很难有效抵御相关冲击（李强，2019）。在区域范围内利用更大尺度的自然空间腹地构建生态屏障以抵御气候变化冲击，成为世界上众多大城市地区的主流做法。例如，荷兰中央政府主导的“国家三角洲计划”（The Dutch Delta Programme，2014）、英国政府制定的地跨伦敦、埃塞克斯郡、肯特郡的“泰晤士河口 2100 计划”（The Thames Estuary 2100

Plan）以及以意大利威尼斯潟湖为中心、涵盖威尼斯及周边地区的“摩西计划”（The MoSE Project，2009）等行动，都旨在超出城市边界，通过恢复山地、河口、三角洲大面积的生态空间，并在重点地区建造适当的灰色工程进行配合，构建大范围的区域绿色韧性系统，形成基于自然的解决方案（nature-based solutions，NBS）以应对环境冲击。大面积的绿色空间由此成为维系区域韧性安全的必要“战略性基础设施”。

1.1.2 国家战略层面，生态文明、绿色发展理念需要“虚实转化”的落地抓手

党的十八大以来，中央政府颁布了一系列落实生态文明、促进绿色发展的相关政策，对我国的经济可持续发展、高质量城镇化推进起到了积极作用（图1-1）。在文件涉及的众多领域中，关于城乡物质空间建设方面的内容是所有领域中最多的（图1-2）。这说明工程项目建设的绿色化对于推进我国绿色发展至关重要。绿色基础设施作为一种

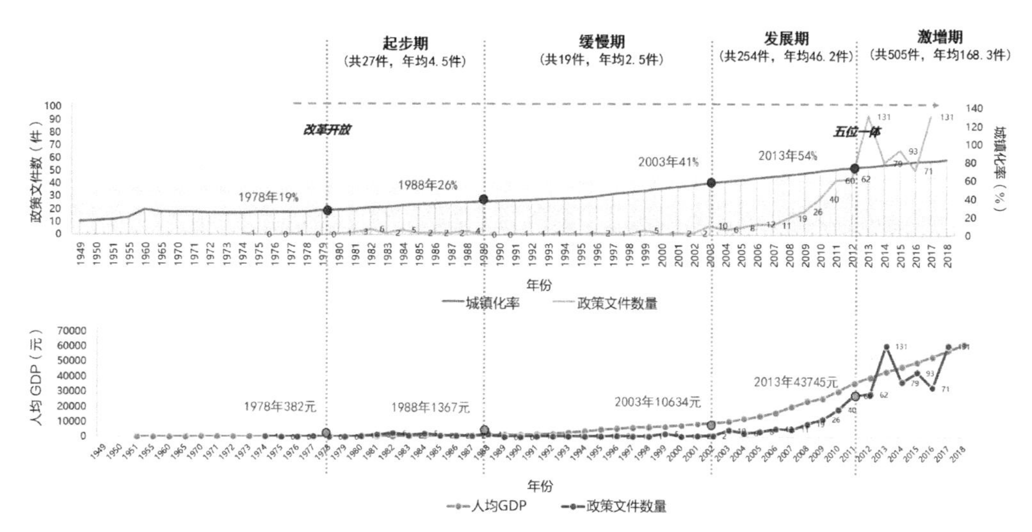

图1-1 我国绿色发展政策文件数量与城镇化率、人均GDP的关系

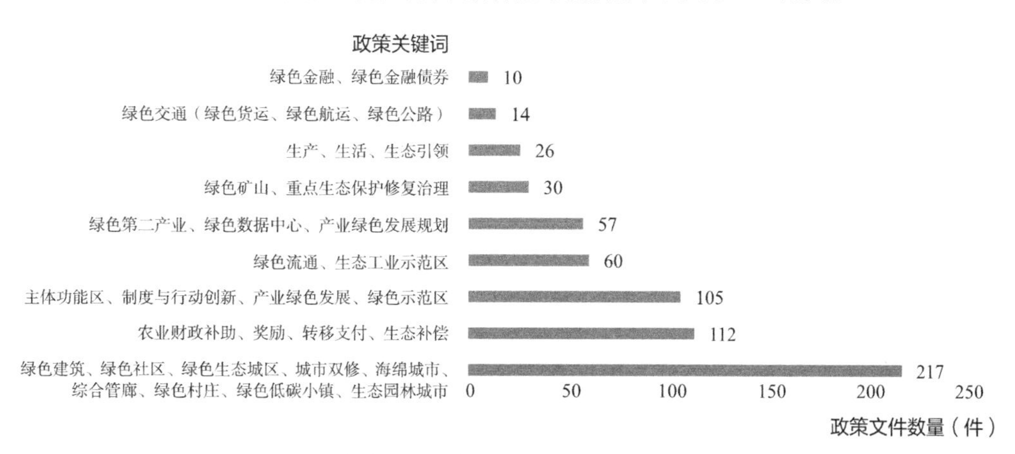

图1-2 1978年以来我国部分部门颁布绿色发展相关文件统计

系统化、功能协同化布局绿色空间的思想同时作为一种低冲击开发基础设施、灰色地表的理念，在西方国家盛行，经实践证明其是一种落实可持续发展理念的规划政策工具（吴伟 等，2009；蔡云楠，2016；邵大伟 等，2016；周盼 等，2017），也是一项在我国具有一定应用潜力的政策工具。

1.1.3 区域治理层面，空间规划改革背景下跨区域生态治理需要协同工具

基于习近平总书记重要讲话精神、中央城市工作会议精神以及系列政策文件要求，空间规划改革的核心内容之一是保护好生态环境，加强对自然资源资产的有效管控，构建区域层级的国土绿色格局是实现上述目标的重要环节（吴唯佳 等，2021）。与此同时，作为我国城市群的代表以及国家重点战略地区，国家也对京津冀、长三角、粤港澳大湾区三大城市群提出区域整体绿色发展目标：京津冀协同要实现生态环保重点领域率先突破、重点突破；长江经济带发展必须坚持生态优先、绿色发展，把生态环境保护摆在优先地位；粤港澳大湾区要通过严格的生态环境保护、耕地保护、节约用地制度的实行，推动生产生活和城市建设运营模式的绿色化。构建跨区域联系的绿色网络成为落实上述战略的必由之路，为此相关地区绿隔、绿道、绿带、海绵城市等建设正在积极开展，各种形式的基础设施绿色化项目也正在有序推进（刘青 等，2021；徐涵 等，2020；张亢 等，2021）。因此，服务相关战略的基础性研究工作也应同时开展。

1.2 概念界定

基于区域绿色基础设施对国家、区域的重要现实意义，本研究以其为研究对象。但无论是“区域”抑或是“绿色基础设施”概念，都存在一定的模糊性。因此，本研究对其进行严格界定——城市—区域尺度下的绿色基础设施。

1.2.1 绿色基础设施——区域绿色建设理念、政策、技术的空间载体

1. 不同国家绿色基础设施概念梳理

随着20世纪90年代“绿道运动”的出现（Mell，2010），绿色基础设施这一概念开始受到规划师、城市学家、景观设计师、环境保护团体、生态学家、政治家的关注。其理论渊源可以追溯到19世纪50年代起源于英国的绿带模式（Cohen-Shacham et al.，2016）以及在工业化地区以休闲和生态为目的创建公园和开放空间的绿色行动（Geneletti et al.，2016）。相关学者提出将自然理解为“基础设施”（Thomas，2010），

强调其对于人类生活发展的必要性。为了应对城市与区域的资源环境危机、灰色基础设施建设与运营过程造成的环境负外部性与种种环境不可持续现象，不同国家和地区的专家、政府部门提出了侧重内容不同的绿色基础设施概念（表1-1）。

国外绿色基础设施概念主要来源与内容　表1-1

分类	定义	来源
学术概念	绿色基础设施是指维持自然生态系统的价值和功能、提供清洁的空气和水并为人类和野生动物提供广泛利益的自然区域和其他开放空间所组成相互连接的网络	Benedict et al.，2002
	绿色基础设施包含以下三类空间： ①自然生命支持系统——河道、湿地、林地、野生动植物栖息地和其他自然区域组成的相互连接的自然网络； ②城市绿道、公园、农场、牧场和经济林以及其他人为设置保护区； ③保护本土物种，维持自然生态过程，维持空气和水资源并为社区和人民的健康与生活质量作出贡献的所有荒野和其他空间	Benedict et al.，2006
	绿色基础设施的概念强调城市和城郊绿地的质量与结构。它可以被认为是由城市和区域范围内所有空间尺度的自然、半自然和人工网络组成多功能生态系统的总和	Tzoulas et al.，2007
	绿色基础设施是以生态化手段来改造或代替道路、排水、能源、防洪以及废物处理工程的措施，包括工程结构与微型自然或半自然植被结构	Moffatt，2001；Jérôme Dupras，2015
	绿色基础设施是城市地区人类有意设计和使用改造、主要用于广泛的公共用途和利益的生物资源	Mell et al.，2013
	城市绿色基础设施是公共当局面临与城市化相关的问题的基于自然的解决方案，包括运用自然的方法解决洪水、城市热岛、空气质量、废物回收利用、生物多样性以及社区的健康和福祉	Connop et al.，2016
政策标准	绿色基础设施是农村和城市地区中支撑生态系统、服务健康生活、实现可持续社区运转不可或缺的多功能绿色空间网络	英国社区及地方政府部，2008年
	绿色基础设施是一种成本效益高、韧性强的管理雨洪的方法，它旨在降低降雨及洪水对建成环境的冲击，并通过收集、处理、再利用等手段为社区提供环境、社会与经济效益	美国环境保护署，2004年
	绿色基础设施是经过战略规划设计的高质量绿色网络，包括存量绿地和新建绿地，应与建成环境有机融合，并将城市地区与更广阔的乡村腹地连接起来，从社区级到跨城市地区级的绿色设施都是必要的	自然英格兰，2009年
	绿色基础设施是为区域提供环境效益的空间资产，包括公园、林地、空地、私人花园、绿色屋顶和墙壁、行道树、其他开放空间等绿色空间，以及溪流、池塘、运河、排水设施和其他水体等“蓝色基础设施”	英国西北地区发展局，2009年
	绿色基础设施是用于描述一系列产品、技术和实践的术语，这些产品、技术和实践是结合自然环境或是模仿自然过程的，其目的是提高整体环境质量并提供公共服务	美国环境保护署，2013年
	绿色基础设施旨在提供广泛的生态系统服务的自然和半自然区域的战略规划网络，它结合了陆地和海洋区域的绿色及蓝色空间	欧盟委员会，2015年

在美国，作为学术界奠基绿色基础设施概念的学者本尼迪克和麦克马洪认为，绿色基础设施是一种维系生态系统价值的绿色网络（Benedict et al.，2002）；美国政府印刷局（U.S. Government Printing Office）认为绿色基础设施是一种寻求人类社会与自然平衡的战略措施，通过评价自然系统生态、社会和经济功能，指导土地利用可持续开发，从而保护生态系统。然而在更广泛的应用层面上，美国的绿色基础设施可被视为低冲击开发与雨洪管理设施的代名词。美国国家环境保护局（EPA）认为绿色基础设施是用于描述一系列产品、技术和实践的术语，这些产品、技术和实践是结合自然环境或是模仿自然过程的，其目的是提高整体环境质量并提供公共服务。绿色基础设施是成本效益高、韧性强的管理雨洪的方法，它旨在降低降雨及洪水对建成环境的冲击，并通过收集、处理、再利用等手段为社区提供环境、社会与经济效益（EPA，2013）。

在英国，绿色基础设施是为区域提供环境效益的空间资产，包括公园、林地、空地、私人花园、绿色屋顶和墙壁、行道树、其他开放空间等绿色空间，以及溪流、池塘、运河、排水设施和其他水体等“蓝色基础设施”（UK Northwest Regional Development Agency，2009）。此外，英国对绿色基础设施的连续网络性与多尺度性格外关注。绿色基础设施是经过战略规划设计的高质量绿色空间网络，包括存量绿地和新建绿地，应与建成环境有机融合，并将城市地区与更广阔的乡村腹地连接起来，因此从社区级到跨城市地区级的绿色设施都是必要的。绿色基础设施是农村和城市地区中支撑生态系统、服务健康生活、实现可持续社区运转不可或缺的多功能绿色空间网络。

在加拿大，绿色基础设施更加偏向于基础设施的生态化过程，认为绿色基础设施是以生态化手段来改造或代替道路、排水、能源、洪涝灾害以及废物处理工程的措施，包括工程结构与微型自然或半自然植被结构（Moffatt，2001；Dupras，2015）。

生态网络（ecological network）的概念在欧盟深入人心，因此欧盟对绿色基础设施的理解更加网络化与结构化。欧盟委员会认为绿色基础设施是一种空间结构，为人们提供了从自然中受益的机会，旨在增强自然为人类提供多种宝贵的生态产品和服务的能力。在2015年公布的定义中，欧盟委员会认为绿色基础设施旨在提供广泛的生态系统服务的自然和半自然区域的战略规划网络，它结合了陆地和海洋区域的绿色及蓝色空间。引入了蓝色空间的范畴说明在欧洲绿色基础设施的概念是不断演进的。

对于我国而言，基于既有国家政府条文的内容进行分析（检索平台为北大法宝，检索时间为2021年6月）可以看出，在我国绿色基础设施主要指基础设施的绿色化，尤其是在交通领域，与加拿大的概念相似。但是在海绵城市领域，绿色基础设施则与英、美的观念相一致。

2. 绿色基础设施理念闪光点与提出背景：强调空间连续、功能整合与公共属性

（1）缘起于生态学的整体系统思维，强调网络性与连续性

最早提出绿色基础设施概念的美国科学家以及英国、欧盟的定义都将绿色基础设施的网络性与整体性置于首要地位，并认为正是源于这种整体性与网络性，绿色基础设施各项生态服务功能的作用才能有效发挥。随着绿色基础设施规模、尺度的提升，各界对这种整体性与网络性的关注更加强烈。廊道、斑块、基质或源—汇—廊道—踏脚石等模型是对这种网络结构的总结概括，描述了绿色基础设施这种点—线—面结合的整体结构。

（2）作为一项应用领域广泛的绿色技术，在不同场景展现不同的功能与价值，强调多部门整合性

在跨区域层面，绿色基础设施表现出以促进协同为主的多项作用（表1-2）。以欧盟为例，多功能是欧盟绿色基础设施战略的核心。根据欧盟的设想，建设绿色基础设施的主要目标之一是构建跨行政边界、行政等级和职能部门的共同生态行动与目标（Hansen et al.，2014；Kettunen et al.，2014；Madureira et al.，2013；Newell et al.，2013），具体包括适应和减缓气候变化、减少化石能源使用、实现灾害风险管理、增加粮食供应、保护生物多样性、保障居民健康和福祉、提供娱乐机会、增加土地和财产价值、促进区域经济增长并提升竞争力，以及增强区域的凝聚力等（Coutts et al.，2015；Demuzere et al.，2014；Hehn，2016；Kati et al.，2016；Tzoulas et al.，2007）。这些战略的实施需要多部门的政策配合，包括区域发展、气候变化、农业和林业等部门。例如，欧盟 2020 年生物多样性战略和欧盟空间规划与土地利用变化环境战略都提出绿色基础设施是战略的一部分内容。

在城市层面，如果设计和选址适当，绿色基础设施将是一种基于自然的解决方案，如洪水管控、城市热岛管控、空气质量提升、物质绿色循环、气候变化应对、生物多样性保护以及社区健康和福祉提升等（Connop et al.，2016）。近年来，对于绿色基础设施的思考已从生态学转向环境学与经济学领域。农村、海岸、湿地、城市公园、街道树木及其生态系统等资源被视为实现可持续发展的动力，而不仅是支持野生动植物生长的环境。关于绿色基础设施的在韧性、减灾、应对气候变化方面的作用，其本质是起到"增长保障"（growth-support）的作用（Horwood，2011）。

绿色基础设施的直接经济价值体现在：吸引人与资本，留住高价值人才与企业；提升土地价值，实现土地长期价值的保存与升值；维持相关就业，在城市农场、林地、园林绿化等方面提供就业岗位；降低管理与能耗成本，包括公共和私人部门用电、污染处理运营等成本；为城市提供农林产品；提升室外作业、创意劳动等的劳动效率等（Karen，2011）。

绿色基础设施建设、运营涉及部门　表 1-2

部门	职能
金融部门	金融部门向绿色基础设施建设提供工程贷款，并管理绿色基础设施所产生的长期经济收益
建筑部门	涉及绿色基础设施建设的建材、工艺选择，以及相关建设标准的制定
水利部门	雨洪管理涉及的海绵城市、生态蓄水池、河岸生态化改造等
交通部门	绿道建设、动物迁徙廊道预留
公共卫生部门	除了为公民提供环境卫生距离、容量、密度建议外，绿色基础设施较难融入公共卫生部门
工业部门	工业生产过程中的环境工艺和污染物处理成本与收益
环境部门	减缓气候变化绿色行动，通过绿色基础设施建设减少山体滑坡、土壤侵蚀、风暴潮和碳封存等问题
农业部门	防止农田弃耕，创造新的就业机会，改善农村人居环境
能源部门	对高压输电、能源管道线路的保护，生物质能源系统的建立，减少能源设施建设邻避效应

（3）将绿色空间视为与交通、水、能源一样的社会运转必需品，强调公共性与非排他性

从需求的角度看，基础设施与绿色基础设施都是保障区域生产、生活甚至生命正常运转的必要物质基础。从供给的角度看，上述设施都属于公共物品，投入巨大，私人部门通常无法独立承担，都需要政府从可持续供给与分配均衡的视角考虑进行统筹；从效果层面看，无论是灰色基础设施还是绿色基础设施，实现区域层面设施网络的整体构建对其价值发挥具有重大意义。

正是基于传统基础设施与绿色基础设施的相似性，学术界对于绿色空间作为基础设施这一观点也有较为悠长的历史渊源，最早可以追溯至1965年汉森（Hansen）对基础设施的分类，他将基础设施分为经济基础设施与社会基础设施，绿色空间是社会基础设施中的重要组成环节（表1-3）。

既有研究中不同学者对基础设施内容分类　表 1-3

汉森（Hansen，1965）	阿肖尔（Aschauer，1989）	斯特姆（Sturm，1995）	帕尔马（Palma，1998）	比尔（Biehl，1991）
经济（economic）基础设施：道路、高速公路、机场、航空港、排水管网、	核心（core）基础设施：道路、高速公路、机场、公共交通、电力系统、	第一（basic）基础设施：主要铁路与道路网、运河、港口、	物质（material）基础设施：交通网络、给水排水网络、能源网络	网络（network）基础设施：道路、轨道交通、供水网络、

续表

汉森（Hansen，1965）	阿肖尔（Aschauer，1989）	斯特姆（Sturm，1995）	帕尔马（Palma，1998）	比尔（Biehl，1991）
水利设施、供水管网、燃气管网、电力管网、灌溉系统、物流系统	燃气系统、给水排水系统	电力与通信、灌溉系统、土地开垦		通信网络、能源网络
社会（social）基础设施： 学校、公安系统、市议会、环卫系统、医院、体育设施、绿色空间	非核心（not-core）基础设施： 其他公共品	补充（complementary）基础设施： 支线道路、轻轨电车、燃气网络、电力网络、供水网络、区域通信网络	非物质（immaterial）基础设施： 促进发展机构、服务创新与教育的机构	节点性（nucleus）基础设施： 学校、医院、博物馆等

资料来源：Stergiopoulos，2016

1.2.2 城市—区域尺度：万平方公里规模的城市群—地级市中间层级尺度

1．城市—区域尺度的科学意义：沟通地级市与城市群、刻画城市群内部关系的观察尺度

城市—区域视野是一种认识城市群的方式。自霍华德于1989年提出“城市集群”概念起，一系列描述城市与其周围区域关系的概念便成为区域研究的热点。如盖迪斯于1915年将工业城市因功能扩展而与周边城市建设范围交叉重叠的新型空间定义为组合城市；戈特曼于1957年基于对美国东北部沿海城镇密集地区的研究提出大都市连绵区的概念；弗里德曼于1965年将中心城市发展超越本身边界呈现出多中心化的城市发展模式定义为市域（urban field）；彼得·霍尔于2001年提出全球城市区域（global city region）的概念，认为其是在全球化背景下由全球城市及其辐射范围内二级大城市共同联合形成的一种独特的城市区域形态；索亚于2009年提出区域城市化（regional urbanization）的概念，认为多中心的城市—区域形态形成的原因是城市化蔓延到整个大都市的外围，甚至超越大都市的边界而造成的一种多中心现象（表1–4）。

在这样的研究基础下，我国学者认为城市群是指以1或2座特大型城市为核心，包括周围若干座城市所组成的内部具有垂直的和横向的经济联系，并具有发达的一体化管理的基础设施系统予以支撑的经济区域（陆大道，2015）。与城市群通常由1或2座特大城市为核心不同，城市—区域由一座中心城市与其腹地紧密合作形成（庞玉萍，2014）。

因此，城市—区域可以看作城市群的组成部分。从城市—区域的视角可以更加细致、深入地观察城市群，且超脱行政边界的限制，可以从功能联系的视角观察更为本质的“流动”。

城市—区域相关概念梳理　表 1-4

概念	提出者	概念定义
城市集群	霍华德（Howard），1898年	城市的规划应该包含周边的地域
组合城市	盖迪斯（Geddes），1915年	工业城市功能扩展而与邻近城市范围交叉重叠的新型城市空间组织
大都市连绵区	戈特曼（Gottman），1957年	将大都市区概念扩展到城镇群体层次，描述美国东北沿海城镇密集区
市域（urban field）	弗里德曼（Friedmann），1965年	中心城市的发展超越其边界而呈现出的多中心的城市化模式
全球城市区域（global city region）	彼得·霍尔（Peter Hall），2001年	在全球化高度发展的前提下，以经济联系为基础，由全球城市及其腹地内经济实力较为雄厚的二级大中城市扩展、联合所形成的一种独特空间现象
区域城市化（regional urbanization）	索亚（Soja），2009年	城市化和城市密度蔓延到整个大都市区域，甚至偶尔超越大都市区域，因此大型城市节点的数量增加，从而形成多中心的城市—区域形态
城市群	陆大道，2015年	是指以1或2座特大型城市为核心，包括周围若干座城市所组成的内部具有垂直的和横向的经济联系，并具有发达的一体化管理的基础设施系统予以支撑的经济区域
都市圈	国家发展和改革委，2019年	都市圈是城市群内部以超大特大城市或辐射带动功能强的大城市为中心、以1h通勤圈为基本范围的城镇化空间形态
城市—区域	庞玉萍，2014年	中心城市与其腹地区域紧密合作以应对全球化的挑战，从而形成一种独特的空间现象

2. 城市—区域的空间特征：万平方公里尺度

全球范围内对于城市规模的界定标准众多，由此产生不同地区对“城市”理解的差异。与此相类似，由于区域这一概念的概括性，区域的概念也容易引起歧义与指代不明。不同尺度具有同质特征的空间都可以称为区域，空间规模差异极大。本研究关注的是构成城市群的基本单元，这一单元在我国通常为地级市。因此，本研究中的“城市”主要指地级市，区域主要指超越地级市的空间范围。

然而这样的界定在科学层面意义有限，因为单纯依靠行政等级划定研究对象陷入了政治因素主导的窠臼，此外，我国的地级市规模差异极大，地级市腹地区域的范围也因地级市的服务能力差异而千差万别。为了避免以行政等级为主导条件的研究范围“定性”界定，本研究试图基于我国各级行政单元面积的统计学特征，从空间规模角度界定城市—区域尺度。

具体而言，从城市群的普遍规模看，截至2023年，我国19个主要城市群面积约占国土面积的25%（方创琳，2021），即平均每个城市群面积在12万km^2左右；我国293个地级市行政单元中，规模在1万～10万km^2的有178个，占到全部地级市的61%；我国2862个县级行政单元中，面积在1万km^2以上的仅有166个，占全部比例的7%，大部分的县空间规模在1万km^2以内（图1-3、图1-4）。

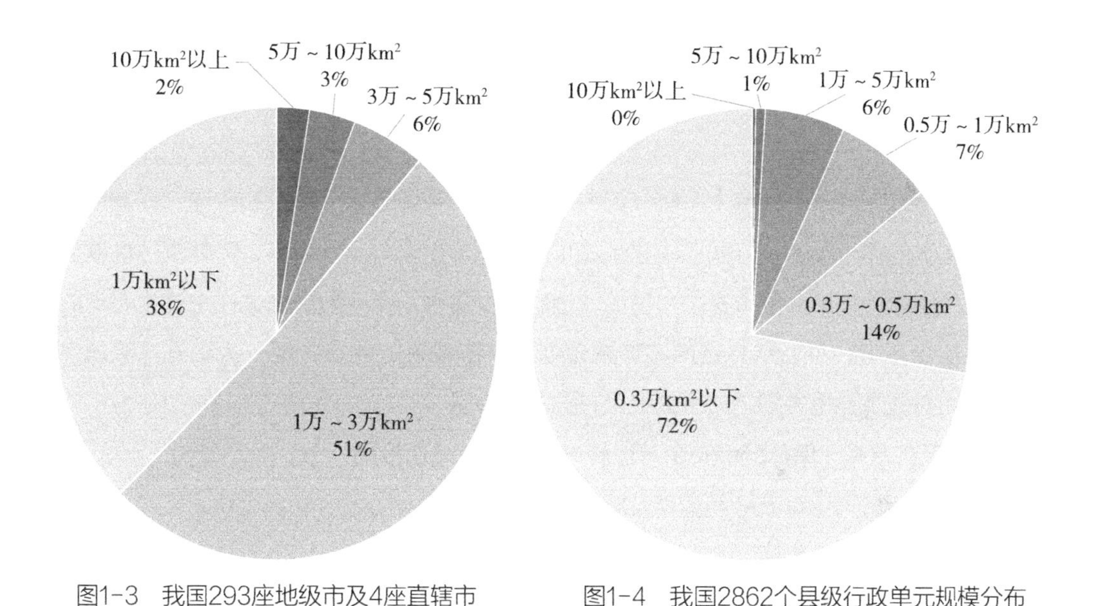

图1-3　我国293座地级市及4座直辖市面积规模分布

图1-4　我国2862个县级行政单元规模分布

资料来源：《中国统计年鉴2019》

从上述三个行政单元面积规模的统计可以发现：地级市以上、城市群以下的城市—区域空间单元规模大多在万平方公里级，即大于1万km^2小于10万km^2。少量不在这一空间规模的城市—区域空间单元可以通过简单的地域组合或划分达到这一空间规模。因此，万平方公里级的空间尺度可以描述大多数包含地级市及周围腹地的城市—区域空间单元。与此同时，万平方公里级的城市—区域空间单元与县域平均规模衡量并不契合，利用这一特征，可以在实际应用研究中将县城及其腹地区域剔除讨论范围，进一步明确城市—区域作为地级市—城市群中间层级的尺度概念。

1.2.3 城市—区域尺度绿色基础设施研究意义：为区域生态流流动提供媒介，奠定区域绿色格局

1．理论意义：对生态流的关注是对城市—区域尺度“流动空间”理论资本流、人流、信息流研究视角的补充

流动空间理论认为资本流、人流、信息流、物流等经济社会流动促成了城市与周围腹地的联系，并进一步构建起城市—区域与全球网络的联系。在全球化的视野与语境下，上述假设具有很强的解释性。然而从地方化的视角看，城市—区域的形成与自然和生态的一体化息息相关。如果城市与外围腹地之间有阻隔空气—水流动的障碍，使两地不发生生态联系，则通常也意味着其日常的服务功能联系也相对困难，难以形成核心—腹地关系。此外，若城市与外围腹地拥有共同的山水格局、气候地貌、雨热条件等生态共性，会有助于构建共同的生活习惯与方式，从而促进各项经济社会流动的顺畅发生。

具体而言，城市—区域中寒暖气流的运动，沙、雾霾等大气污染物传输，以及地表水、地下水的循环等生态流联系构建了城市—区域的生态命运共同体，对城市—区域运转、居民生命维持以及城市安全环境的营造有重要影响。从空间层面关注上述生态流的流动、阻滞通道，可以从自然的整体视角划定城市辐射边界与腹地，为既有“流动空间”视角对城市群边界划定的研究提供补充与校核。

2．现实意义：保障城市安全与运转，奠定区域绿色格局

城市—区域尺度跨界绿色基础设施因保障了生态流在区域内合理流动，因此具有重要的生态学、环境学价值。

（1）保障区域安全

以国家三北防护林工程为例，整体来看，40年来三北防护林工程遏制了风沙蔓延态势，工程区年均沙尘暴天数从6.8天下降到2.4天；减轻了干热风、霜冻等灾害性气候对城乡生产的危害，有效庇护农田3019.4万hm^2。具体到城市群尺度，三北防护林在燕山、太行山部分，基于其森林涵养、净化水源的价值，保障了京津冀地区1.13亿人口的用水安全；防止了水土流失，有效避免山区居民点地质灾害，并在过去几十年间有效抵御了风沙侵袭（杨青 等，2018；张晓艺 等，2018），为京津冀居民的安全生活提供了保障。

从永定河、塔里木河等流域的治理实际成效来看，河道环境的整体整治起到了疏水、净水、水土保持、防治水患的积极作用（吴晓，2019；阿迪力江，2020），为丰富区域水源类型、补给地下水、植被与作物的良好生长创造了条件，为维系城市—区域的生产、生活、生态安全提供了基本保障。

（2）维持区域良好运转

从美国国家公园与绿道网络对于20个大都市统计区出行情况的影响来看，靠近区域绿道、河流的道路能够促进居民积极出行，形成大都市区高品质通勤环境（Le，2018）。因此，绿道设施的建设对优化城市—区域地区的出行环境、形成合理的城市—腹地通勤比例具有积极的引导作用。

（3）奠定绿色格局

以英国为代表的欧美国家，通常以绿带作为一种限制城市蔓延、打造区域整体空间格局的手段，在立法支持下，通常取得了不错的政策结果与生态效益。从伦敦绿带的经验看，绿带的建设起到防止城市蔓延、提供开敞游憩空间、保护小城镇特色、提供边缘地区就业的作用（张衔春，2014）。当地居民对绿带所带来的综合效益也较为认同（高蕾，2018）。

从珠三角和深圳近年来的绿道建设实施效果来看，区域性绿道在应对城市蔓延、减轻面源污染、促进全域旅游服务方面起到良好的效果（王甫园，2019；吴志才，2015），对在城市群内部形成绿色联系网络有正面影响。

1.3 研究综述

为了解城市—区域尺度绿色基础设施的研究进展与前沿，本研究开展了系统的国内外文献综述。在综述过程中重点关注对城市—区域尺度绿色基础设施的定量研究，因为定量是科学性提升的重要保障，也是总结规律、探究趋势的重要方法。研究选取的中文数据来自于中国知网（CNKI），英文数据来自于ScienceDirect、Talor & Francis Online和Google Scholar。搜索关键词为绿色基础设施（green infrastructure）、区域绿色空间（regional green space）、区域绿色基础设施（regional green infrastructure）等。

经检索共收集到中文文献1923篇、英文文献105152篇（检索时间为2021年8月27日）。中外不同年份发表文献数量变化如图1-5和图1-6所示。从趋势上可以看出，近年来无论国内还是国外，绿色基础设施的相关研究均具有显著的上升趋势。通过进一步对国内文献的涉及领域以及研究热点话题进行时序分析（图1-7），可以看出虽然当前国内关于城市—区域尺度绿色基础设施的研究文献较少，但其已经成为近年来学术界关注的热点话题。

尽管国内外关于绿色基础设施的相关研究日渐丰富，但通过对相关文献内容的初步研判，发现既有研究在城市—区域尺度绿色基础设施的概念范畴界定、实证案例研究、定量计量分析方面仍存在不足。

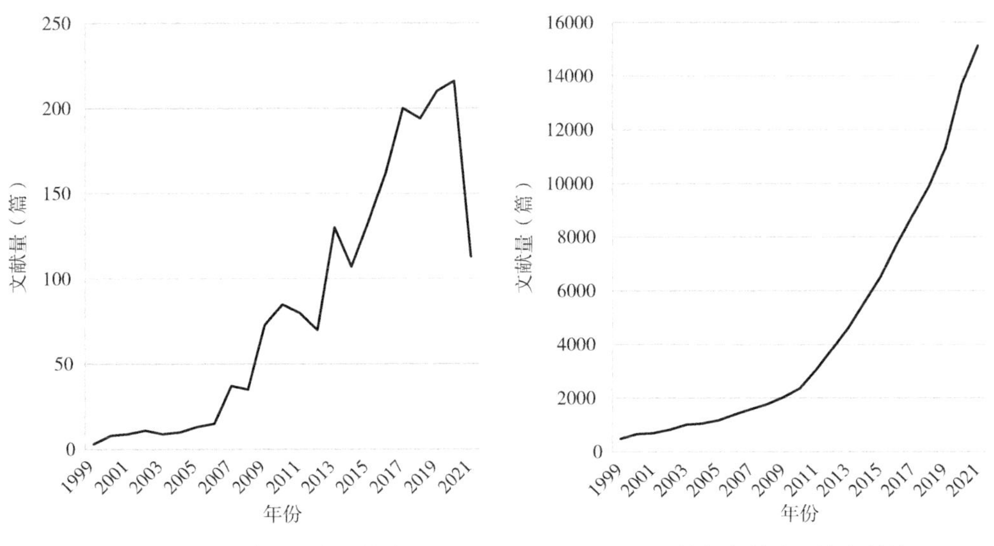

图1-5　国内绿色基础设施文献数量

图1-6　国外绿色基础设施文献数量

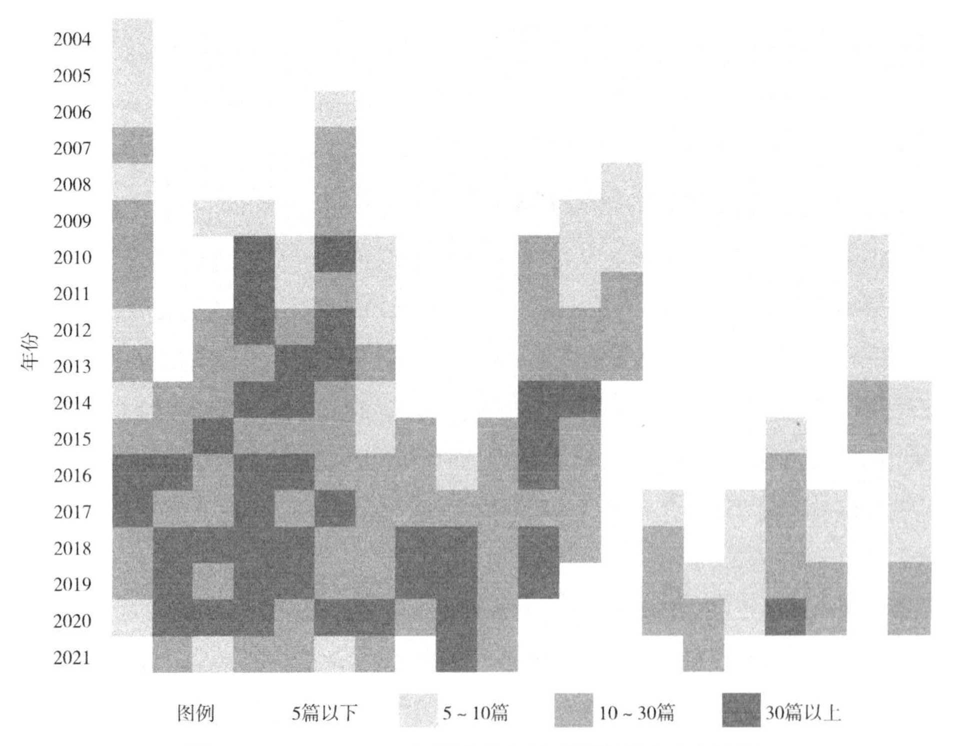

图1-7　2004～2021年国内绿色基础设施研究内容梳理

1.3.1 概念模糊：不同地区发展语境差异导致绿色基础设施概念存在内涵模糊、泛化危机与“新瓶旧酒”争议

绿色基础设施是来自西方的概念，国内研究对绿色基础设施概念本身的讨论不多。但国外经过多年的实践，形成了对该概念争议的反思，基于对相关研究的综述，学界对绿色基础设施概念的争议和反思主要体现在内涵、应用与创新性三个方面。

1．内涵模糊：地区问题语境差异导致内涵差异较大

绿色基础设施概念是一个充满弹性的概念，尽管为跨学科研究创造了可能，但是其核心内涵模糊，增加了研究进一步深化的难度（Gavrilidis，2020）。正如前文所述，绿色基础设施在不同国家有不同的定义，这源于国家的现实问题与社会共识的差异（Luan，2020），由此产生了对于该概念在国际上尚未达成共识的困扰。

此外，在各国对其的概念定义中普遍运用生态服务、生态网络、绿色资产、绿色结构等抽象性词语，并缺乏对相关词语的具体细节描述与界定。然而生态、工程、环境、规划等不同学科对上述抽象用语有着不同的理解，由此会产生基于学科背景差异的认知偏差与分歧（Dagmar，2021），从而导致该概念不仅在国家之间难以通用，在不同学科之间也难以达成普遍共识（Liu，2019）。因此，有学者批评既有的绿色基础设施定义“只是通过特定专业词汇来吸引不同学科的关注者”（William，2012）。

也有学者指出，不同的学科团体不愿明确绿色基础设施的界定可能是出于团结更多学科、区域以达成最大共识的目的。因为模棱两可的描述有利于争取到更多专家、团体的支持，过于明确的概念边界则可能会将一部分学科或组织排除在外，从而影响到他们参与绿色基础设施建设的利益与意愿（Maes，2015）。

2．泛化危机：绿色基础设施在解决非生态问题核心矛盾的有效性上值得深思

绿色基础设施由于价值多元，有使用泛化的危险——似乎绿色基础设施与各种问题都有多多少少的关联，但实际上这一概念在解决相关问题的核心矛盾的有效性上令人质疑（Hannah，2012；Mario，2019）。概念的奠基者本尼迪克特和麦克马洪曾对国际上超出绿色基础设施概念初衷的众多行动表示担忧，指出绿色基础设施需要在可以发挥作用的优先事项之间进行权衡，它不应该成为“灵丹妙药”（ready-made panacea）（Benedict et al.，2006）。

目前关于绿色基础设施的应用有众多观点——经济发展、环境正义、区域竞争、低碳解决方案、可持续交通、改善场所质量、提升健康和福祉……关于其有效性的理解过于宽泛以至于意味着绿色基础设施可以解决一切但又什么都不是（everything and nothing）（Davies et al. 2006；Harding，2008）。尽管绿色基础设施的应用是碎片化的，但目前有两个核心思想——连通性与多功能性似乎贯穿着绿色基础设施行动的各个方

面。绿色基础设施的相关价值研究可以围绕这两项核心特征展开（Hannah，2011）。

3．“新瓶旧酒”：与绿色空间研究的突破创新差异

如果说欧美国家对于绿色基础设施的定义在本质上是绿色空间，那么其研究与传统的绿地、公园研究的关注差异在哪里（贺炜，2011）？如果只涉及理念与概念上的创新，而并不涉及空间实体范畴的变动，其对于当前空间规划改革背景下绿色空间与其他设施空间融合的指导意义如何体现？作为舶来概念的绿色基础设施内涵与灰色基础设施的逻辑关系是什么，是同一本体的技术升级关系，还是不同主体公共品在实际作用上的互补关系？上述问题仍然有待解答。以上问题的存在制约了绿色基础设施概念在我国的官方使用与推广，使之陷于学术讨论热烈但实际应用有限的现实困境（于立，2012）。

1.3.2 尺度局限：城市内部微观且孤立案例占据研究主体，区域整体研究有待完善

1．国外研究：大尺度绿色基础设施以提供水、空气与安全环境相关生态服务为核心价值，但区域整体治理关注仍显不足

作为绿色基础设施概念的发源地，欧美国家对绿色基础设施的研究较为充分。然而美国由于自由主义、小政府的价值主导，出于意识形态等原因对跨区域层面的规划行动较为谨慎（Finio，2020）。与此相比，欧盟地区对跨地区的绿色行动与绿色基础设施建设则相对积极。因此，本研究接下来主要对欧盟地区的跨区域绿色基础设施进行综述。在搜索到的国外文献中，研究筛选出210篇关于欧盟地区绿色基础设施案例研究的论文，基于通篇阅读得到以下综述信息（图1-8）。

在关注尺度与研究方法层面，62%的研究范围位于城市边界内，大多以城市公园、城市森林、休闲区、绿色屋顶和行道树为讨论对象。关于城市内部绿色基础设施的研究方法较为丰富：①政策语义分析、规划关键词频率分析（Apostolopoulou，2019；Buijs，2019；Geneletti，2016；Gill，2007；Hansen，2014）；②专家访谈与文章问卷调查（Iojă，2014；Kati，2016；Madureira，2015；Mell，2020；Mell，2013；Niță，2018）；③定量模型应用、经济估值模型（Newell，2013；Vandermeulen，2011；Baró，2017；Horwood，2011；Horwood，2011）。

有14%的研究涉及区域尺度，关注重点为区域森林、公园、保护区和流域治理（Andersson，2013；Buijs，2019；Colantoni，2014；Eggermont，2015）；9%的研究讨论内容为绿色基础设施的国家战略实施情况（Abson，2014；Apostolopoulou，2015；Apostolopoulou，2019；Dempsey，2012；Kambites，2006；Mell，2017；Wright，2011）；7%的研究讨论了绿色基础设施的跨国协同与对接，重点关注的是国家信息的交流以

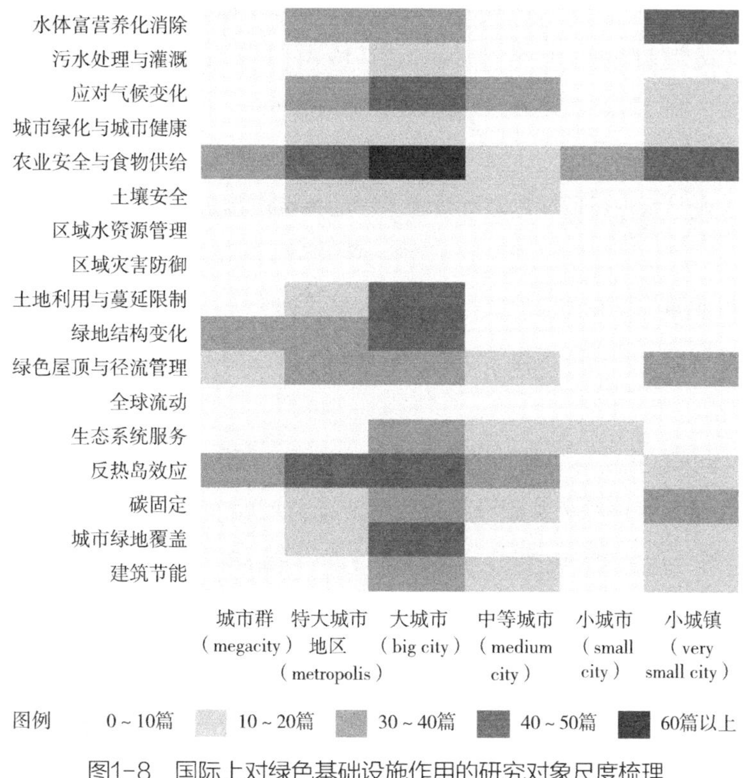

图1-8　国际上对绿色基础设施作用的研究对象尺度梳理

资料来源：根据Bellezoni，2018更新绘制

及绿色理念与共识形成问题（Apostolopoulou，2014；Mell，2014）；10%的研究涉及的是欧盟层面整体的绿色基础设施行动（Bouwma，2018；Maes，2015；Pauleit，2019；Popescu，2014；Sutcliffe，2015）。

在区域研究中使用定量分析方法的研究较少，大多数研究采用政策梳理、文献综述、二手数据分析、滚雪球抽样、采访、调查问卷等方法。有3篇涉及欧盟全域尺度的绿色基础设施计算，1篇是基于欧盟自身的基于项目数据库的项目效益分析，尽管内容很详尽但不具有推广性（Pauleit，2019）；另外2篇计算了绿色基础设施对欧盟绿色流动要素的影响，并给出了最佳绿色基础设施布局情景，该研究证实从景观斑块层面识别大尺度绿色基础设施的做法是可行的，源于卫星图像可以实现上述分析。

欧盟尺度进行了关于动物迁徙通道的研究，以及风、水、流动的生态系统服务的研究。该研究选择了8种要素，即空气质量、土壤侵蚀、水渗透率、海岸保护能力、植物授粉潜力、土壤肥力、水净化能力、大气二氧化碳浓度。将上述指标归一化，分析绿色基础设施连接度与上述指标的关系。但是上述绿色基础设施的划分依据是定性的，没有进行定量的模型计算。因为相关研究指出：对生物过程和物种行为理解的缺乏，导致可靠的指标难以获取。与此同时，基于微观模型假设和微观抽象简化得到的计算参数难以在大尺度空间应用，是制约宏观绿色基础设施研究开展的主要瓶颈（Bouwma，2018；Vallecillo，2018；Liquete，2015；Kabisch，2015）。

在涉及跨区域、跨国家及整个欧盟层面的55篇文章中，涉及应对气候变化威胁的文章有16篇、水资源管理12篇、空气质量5篇、文化和娱乐功能12篇、食品供应4篇。可以看出：

第一，宏观与区域尺度绿色基础设施关注的重点内容是提供水、空气与安全环境的跨区域供给。

第二，以欧盟为代表的国外研究尽管对区域层面大尺度的绿色基础设施有所关注，但从研究数量层面上看仍有提高的空间；从研究方法层面上看，定量模型计算的研究仍需进一步深化。

2. 国内研究：由于绿色基础设施概念推广有限，跨区域研究不够深入

研究进一步对我国绿色基础设施研究的对象与尺度进行频次分析。在中国知网以“绿色基础设施”为关键词进行搜索（检索日期为2021年8月27日），共有244篇中文绿色基础设施实证案例研究论文，其中介绍国外案例研究的有101篇，介绍国内案例研究的有145篇（图1-9）。

在研究对象尺度方面，超越地级市行政边界的城市群研究与流域研究共有8篇，其中城市群涉及长三角、大西安、苏锡常、长株潭等城市群，研究内容以绿色基础设施整体评价、规划策略、生态服务供需分析、公共健康评价等为主题（钱晶，2020；吴晓，2019；尚晓晓，2020；刘颂，2017；黄媛媛，2020）。上述宏观研究整体上以定性观察、特征归纳的研究方法为主，缺少深入的历史分析与定量的解释。跨流域绿色基础设

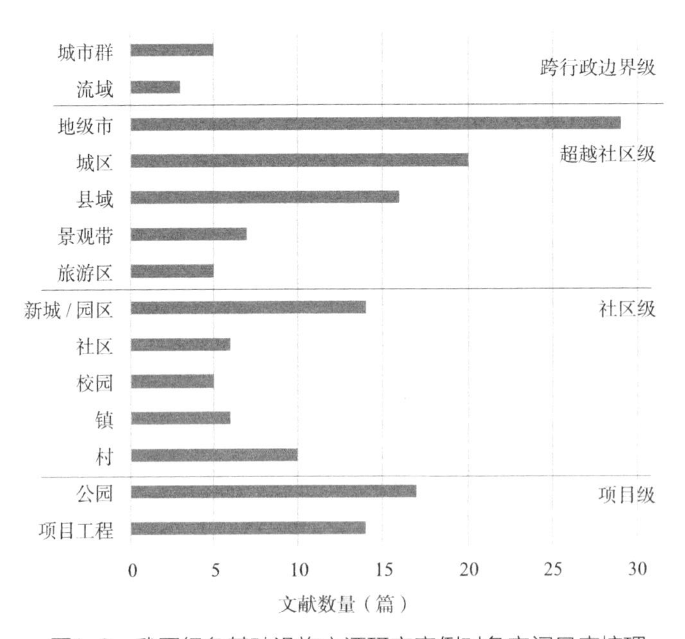

图1-9　我国绿色基础设施实证研究案例对象空间尺度梳理

施研究涉及塔里木河下游流域、大浪河流域、古黄河周边地区，主要讨论水资源利用、适应生产—生活—生态多功能空间营造等（邢英华，2018；王晶晶，2016；唐晓岚，2011）。相关研究仍以策略分析为主要内容，缺乏定量模型的数据支撑。

绿色基础设施研究最多的案例对象为地级市全域尺度，相关研究主要关注绿色基础设施的生态价值。从研究内容的视角看，主要分为以下四类。①绿色基础设施改善水环境，如武汉、成都等城市为了应对城市内涝，以及兰州等城市为了实现雨水资源利用开展的相关策略与绩效研究（贺裔闻，2020；王雪原，2020；赵雪菲，2018；来雪文，2018）。②绿色基础设施改善空气、风环境，如成都、南京等地的“风道”以降低热岛效应并实现景观优化为目标（赵晨晓，2021；罗睿瑶，2020）。③绿色基础设施改善土地利用与区域格局，如杭州、福州、淮南等地以限制城市蔓延为目的进行的生态格局优化、增长边界划定等行动，旨在实现城市增长管理；此外还有常州等地通过绿色基础设施建设利用闲置土地，徐州等地通过绿色基础设施对采矿棕地进行生态恢复等行动（张华颖，2020；李咏华，2017；李咏华，2019；李巧芸，2018；胡庭浩，2020；昂琳，2017）。④绿色基础设施创造生态服务价值，如西安、合肥、安庆、扬州、枣庄等城市通过整体的生态网络构建综合提升城市环境水平（刘维，2021；吴晓，2019；程帆，2018；程帆，2019；苏同向，2019；刘同臣，2019）。通常情况下生态价值的提升可以直接为旅游业创造经济价值，丽江的绿色基础设施观察与研究便是以服务旅游为目的展开（杨桂芳，2018），旨在实现经济与生态效益的双赢。

城区、县域的绿色基础设施研究通常涉及完整的行政区范围，因此非常注重策略性与整体安全格局、整体景观品质的识别和构建（马妍，2018；谭传东，2019；冯矛，2018；戴菲，2017；黄俊达，2020；刘阳，2019）。其中，县域研究通常基于县域发展条件、区位优势，开展更有地方特色和针对性的绿色基础设施研究，如新疆阿拉尔、内蒙古锡林浩特的案例研究以绿色基础设施应对干旱为研究目的，辽宁宽甸的绿色基础设施研究以实现减贫为目的，湖北大冶利用绿色基础设施实现矿业废弃地再利用，河北武安以绿色基础设施建设实现资源型城市转型，甘肃临夏以绿色基础设施建设改善穆斯林居住区风貌特色等（魏家星，2020；郭屹岩，2020；韩宗祎，2017；李振瑜，2017；廖启鹏，2021；王惠琼，2015）。

随着尺度的细化，接近社区级的相关研究更加注重服务于人与实现多维度的使用价值。不同于宏观绿色基础设施的策略性研究，社区尺度的研究更注重空间设计理念的先锋性与工程的科学性、合理性，相关研究体现出明显的落地性。

新城、新区、校园绿色基础设施的建设通常注重海绵城市、灰色—绿色融合空间、低碳等新技术应用以及评价指标体系的构建，如慈城新城、中新天津生态城、天府空港新城等（肖华斌，2019；浦鹏，2017；许琦，2018；李远，2016；刘颂，2017；林乃锋，2018；达周才让，2021）；居住社区以及镇、村的绿色基础设施改造通常以服务人、识别人的需求为主要手段，基于大数据的需求识别是常用的分析工具；镇域绿色基础设施更多是作为一种政策工具，实现对绿色经济、农业生产、旅游服务的保障，提供高品质特色绿色人居建设是主要价值追求，如黑龙江哈尔滨太平镇、西藏昌都江达县城区的特色绿色基础设施建设等（李婷婷，2019；张韵，2014）。

在微观技术应用层面，以公园设计、技术工程绿色化应用为主要研究内容，整体上这一尺度的研究内容更多侧重于工程技术分析，实现了绿色基础设施由“理念”向“工具”的转变。如应对洪水风险与热岛效应的中心绿地设计、公园设计、局部公共空间设计（谭琪，2020；王庆华，2020；汪婷娟，2018；王鑫，2018；王冰意，2018）。绿色化的项目工程，即灰色基础设施绿色化是该尺度下研究的另一个重要分支，目前主要集中在隧道、河流护岸、高等级公路隔离带技术参数研究等方面（何永雄，2016；陈沛璇，2021；何月，2020；来雪文，2018）。

国内关于绿色基础设施的实证研究整体表现出中间规模层次（地级市、县、社区）丰富、宏观（跨地级市、城市群、流域整体）与微观项目技术（隧道、护岸等）层次研究不足的态势。

此外，研究还对“区域性绿地”等绿色基础设施近义词进行了检索（图1-10），发现生态保护、风沙防护、水源保护、生态安全格局构建、景观游憩是区域绿地关注的核心问题与体现价值的主要领域。而相关研究面临同样的问题，即宏观层面的分析仍相对不足，研究对象在万平方公里规模以上的研究仅占全部研究的18%（图1-11）。因此，对城市—区域层面绿色基础设施进行研究有利于突破当前国内外对宏观绿色基础设施研究相对较少的学术瓶颈。

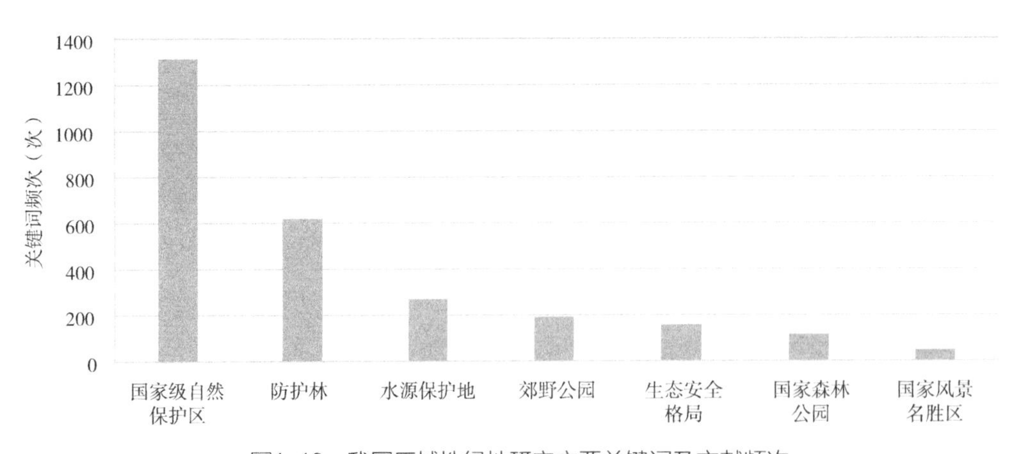

图1-10　我国区域性绿地研究主要关键词及文献频次

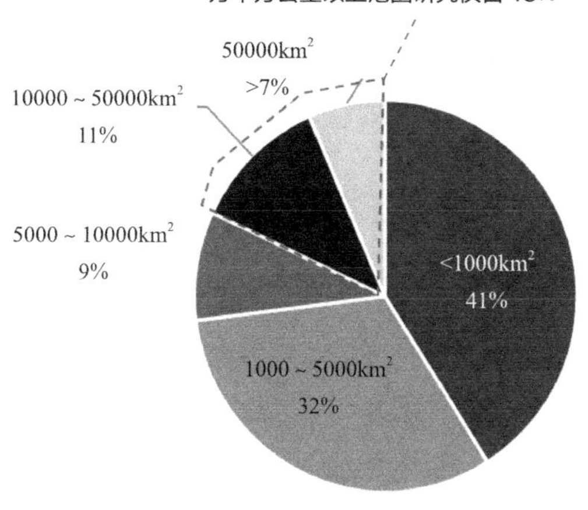

图1-11　既有区域性绿地研究中研究规模统计

1.3.3　计量瓶颈：适应小尺度研究的模型数据处理方式、指标内容、关键参数不具备跨尺度通用性

1．数据处理局限：景观生态学主导的斑块数据处理方法难以精准刻画绿色基础设施内部异质性

对绿色基础设施计量研究的主要方法以景观生态学为主，辅以地理学、图论、形态学等知识（表1-5）。而无论理论基础是什么，大多数研究的输入数据都是基于斑块的

既有绿色基础设施分析范式梳理　　表1-5

研究方法	理论基础	涉及要素	分析机制
千层饼模型	传统地理学	地质、土壤、水文、植被、动物等环境景观要素	叠加环境中的景观信息以获得适宜性，根据适宜性评价结果选择最佳模拟方案作为绿色基础设施的“枢纽”或“链接”
源—汇—廊道模型	景观生态学理论	土地覆盖类型、水系、滨水区宽度、道路、坡度、土地政策等因素	计算水平运动的“阻力”；使用“最低成本模型”确定走廊的位置和格局；通过模拟水平运动的过程，形成绿色基础设施潜在的“点—线—面”网络
图论模型	图论	环境因素和生态栖息地斑块、走廊和生物流扩散信息	用节点表示栖息地斑块，用连接表示物种扩散，通过评估网络结构的廊道连通性，选择连通性高、成本低的最优方案形成绿色基础设施网络
形态空间格局分析（MSPA）	几何形态学理论	土地覆盖变化信息	二值图像光栅化处理后，将“前景”划分为七个形态结构元素进行分析；基于MSPA衍生的“中心”和“桥梁”，构建绿色基础设施网络中的“枢纽”和“走廊”

资料来源：根据Wang，2018整理

空间计量形式，即将复杂的现实情景抽象为均质斑块，并进一步进行空间关系计算。上述方法被普遍应用的原因在于从认识论的视角看，人类的认识能力普遍存在局限，构建抽象的简易模型反推复杂的现实情景是人类认识、理解复杂现实的一般方法（Forman et al.，1986）。

斑块模型把世界抽象成互相不重叠的多边形，景观被表示为离散斑块的集合（Forman et al.，1986；Turner，1989）。斑块模型提供了一个简化复杂自然生态的框架，有助于进行实验设计、控制变量、数学计量与模式总结（Forman，1995；Turner，1989）。

然而斑块模型在实际应用中也存在不足，主要表现为误差积累与内部异质性擦除（图1-12）。具体而言，一旦斑块被创建，景观内部要素随空间和时间变化的定量信息便丢失，留下僵硬、内部同质的多边形。同一类景观内部和景观之间的所有差异性都被移除，或者所有的渐变式累积差异被简化为斑块区位与形状差异（Openshaw，1984；Jerinsky et al.，1996；Wu，2007；Wood et al.，1998；Wu，2007）。这些误差的累积可能最终导致相当大的不准确性，即“误差积累”效应——均一化的斑块在尺度重构后所表达的地理信息与现实情况难以精准耦合（Guthrie et al.，2001）。

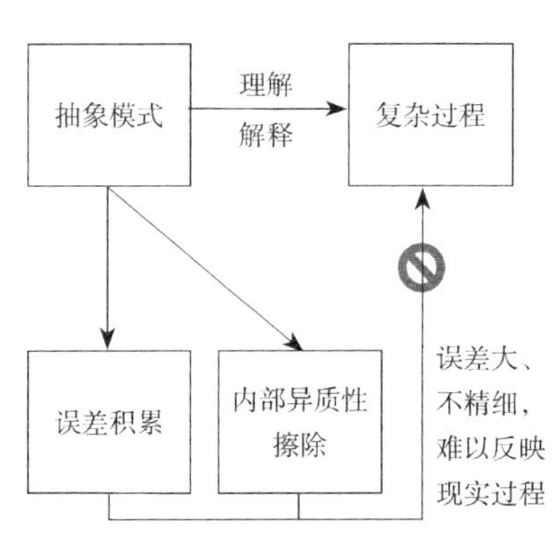

图1-12　斑块数据局限性示意

在现实景观中，斑块内部通常仍存在差异，以固定数值指代斑块属性往往不能很好地反映整体景观的真正异质性。现实中的生态系统往往由环境属性连续变化的梯度生态空间构成。因此，应对斑块模型的不足，目前主流的改进方案是将景观单一赋值的斑块模型（patch-mosaic model，PMM）转化为景观区间赋值的梯度表面模型（gradient surface models，GSM）（Cushman，2010；Manning，2004；McIntyre，1999；Evans，2009；McIntyre，1992）。梯度表面模型大多为高分辨率栅格数据，其像素赋值不限于单一的土地覆盖类别，而是采用土地覆盖比例或其他变量的比例赋值（如植被覆盖比例）。与斑块数据相比，这些数据蕴含了更多的空间信息与土地利用异质性，可以更加真实地反映现实世界景观的复杂性与连续性（McGarigal，2009；Frazier，2015）。此外，梯度数据还可以通过卫星图像方便地获取，通常运用机器学习或者不同光谱卫星图像解译与组合而得出，如归一化植被差异指数（NDVI）以及美国国家航空航天局（NASA）的全球植被覆盖卫星数据（Global Forest Cover Change Tree Cover Multi-Year Global 30m）等。

不同于斑块模型，梯度表面模型通常没有明确的边界，因此无法直接使用传统的景观指标和软件包进行分析。此表面分析方法被引入到梯度模型分析中。采用GIS工具的栅格计算分析可以进行属性统计、栅格运算、属性值梯度降落分析、重分类等运算，可以精细化地将梯度模型按照研究者的需要划分为不同侧重类型的斑块，从而便于与经典的斑块分析模型相结合（Gadelmawla，2002）。梯度模型可以使用平均值替代以往斑块数据建立所采取的“大多数规则”。通过梯度模型的比率数据进行斑块化转换，可以减少在斑块建立过程中的信息损失（图1-13、图1-14）。此外，分辨率高的梯度数据可以适应不同尺度规模的分析，因为数据精度足够丰富，可以在“尺度重构”过程中经历多层级的信息压缩与制图综合，仍保留足够的信息（McGarigal，2009）。

图1-13　梯度数据不同于斑块数据的分析方式——表面分析

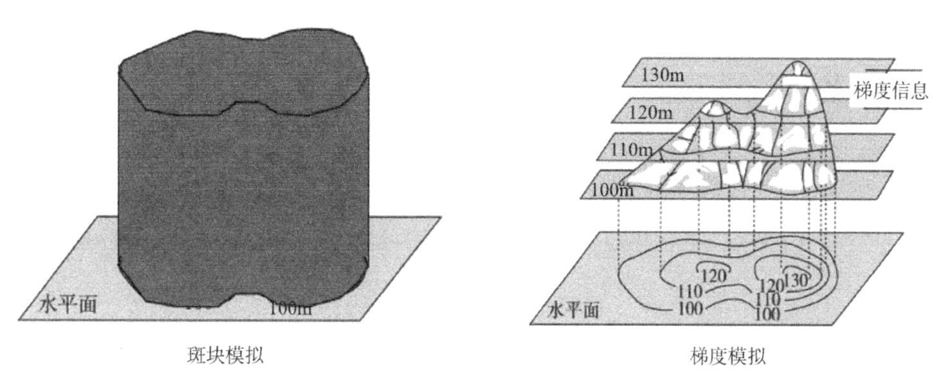

图1-14　从斑块模拟到梯度模拟的示例——等高线分析方法

2．模型局限：适用于微观个案研究的绿色基础设施评价指标、关键参数难以与城市—区域尺度研究相通用

在绿色基础设施定量研究的指标应用方面，从检索到的中文绿色基础设施文献中挑选出205篇定量研究的文章进行指标运用频次统计（图1-15），发现绿地率、人均绿地面积等总量指标是衡量绿色基础设施最常用的指标，有三分之一以上的文章以总量指标定量描述绿色基础设施水平。然而由于以总量评价指标为主的评价框架难以精细地反映

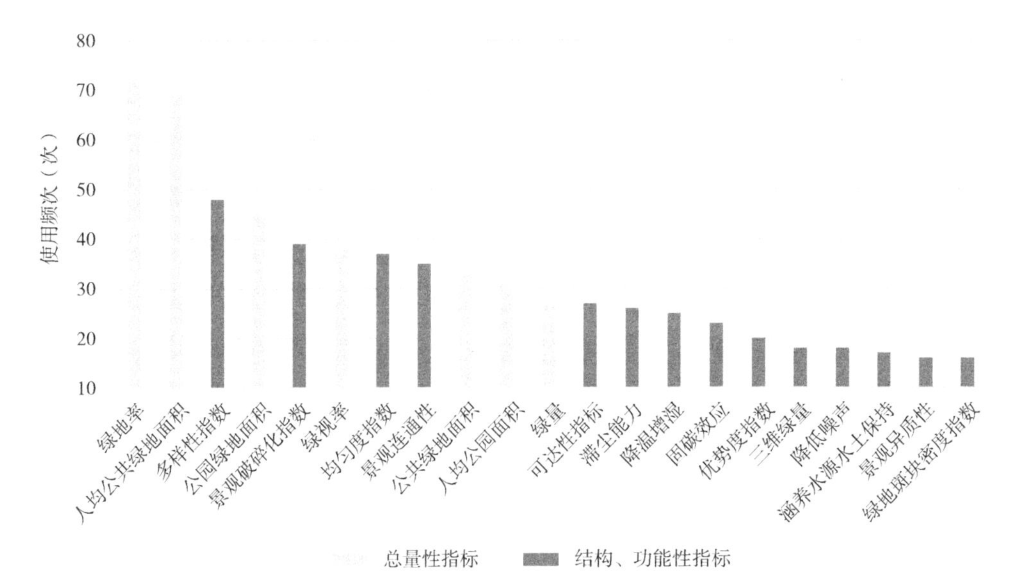

图1-15　评价绿色基础设施（区域绿地）前20位常用指标类型统计

区域绿色基础设施内部特征，近年来随着相关研究精细化程度的不断深入，结构性、功能性指标使用频次逐渐增加，但整体上仍显不足。

研究进一步对常用的结构性、功能性指标计算的模型进行分析，发现多样性、连续性、破碎度、均衡度是常用的衡量绿色基础设施水平的结构性指标，反滞尘、反热岛效应、涵养水源、净化效用评价是常用的衡量绿色基础设施的功能性指标（表1-6）。本书后文会对上述结构性、功能性指标进行重点关注。

我国绿色基础设施定量评价常用指标频次梳理　　表 1-6

指标类型	指标名称	选择次数（次）	选择频度（%）	指标类型	指标名称	选择次数（次）	选择频度（%）
数量指标	绿地率	72	35.12	质量指标	绿量	27	13.20
	人均绿地面积	69	33.66		三维绿量	18	8.80
	公园绿地面积	45	21.95		景观异质性	16	7.80
	绿视率	38	18.54		生物丰富度	12	5.90
	公共绿地面积	33	16.10		乡土树种比例	10	4.90
	人均公园面积	31	15.12		自然度	7	3.40
	绿地覆盖率	10	4.90		立体绿化	7	3.40
	叶面积指数	9	4.40		地被植物比例	6	2.90
	绿化空间占有率	6	2.90		屋顶绿化率	5	2.40
	郁闭度	5	2.40		物种重要值	2	1.00
	—	—	—		季相数	1	0.50

续表

指标类型	指标名称	选择次数（次）	选择频度（%）	指标类型	指标名称	选择次数（次）	选择频度（%）
结构指标	多样性指数	48	23.40	功能指标	滞尘能力	26	12.70
	景观破碎化指数	39	19.00		降温增湿	25	12.20
	均匀度指数	37	18.00		固碳效应	23	11.20
	景观连通性	35	17.10		降低噪声	18	8.80
	可达性指标	27	13.20		涵养水源水土保持	17	8.30
	优势度指数	20	9.80		吸收SO_2	16	7.80
	绿地斑块密度指数	16	7.80		杀菌能力	15	7.30
	公平性	11	5.40		热岛效应缓解作用	13	6.30
	景观形状指数	9	4.40		游憩休闲功能	12	5.90
	最大斑块指数	9	4.40		避震疏散绿地面积	9	4.40
	景观最小距离指数	7	3.40		空气负离子水平	7	3.40
	平均斑块形状指数	7	3.40		社会绿化参与度	7	3.40
	—	—	—		景观引力场	1	0.50
	—	—	—		抗污能力	1	0.50

资料来源：根据张利华，2011更新整理

在指标计算方面，研究进一步对常用结构性、功能性指标的计算模型进行分析，发现相关模型参数确定的理论基础大多建立在生态学基础上（表1-7）。如用动物迁徙的最大距离确定斑块的连续性阈值，以及用植被物种的多样性反映区域的景观多样性、生物多样性情况。然而这些模型参数在应用、评价更大尺度绿色基础设施的有效性上仍存疑。因为随着尺度的变化，数据精度、绿色基础设施功能发挥的领域发生显著变化，绿色基础设施功能发挥的主要领域从生态学拓展到环境学。也就是说，基于生物迁徙的连续阈值与植被群落组合的多样性阈值参数不适合大尺度地区绿色基础设施观察的应用。

绿色基础设施结构性与功能性评价指标常用模型梳理　　表 1-7

指标名称	计算公式	指标解释
香农多样性指数	$\mathrm{SHDI}=-\sum_{i=1}^{m}\left(P_i\cdot\ln P_i\right)$	基于植被差异、景观差异的计算衡量绿地在结构、类型和分布等方面的复杂程度，能反映景观异质性
景观优势度指数	$\mathrm{LDI}=\ln(n)+\sum_{i=1}^{m}P_i\cdot\ln(P_i)$	基于主要植被类型计算，反映了绿地景观多样性基于多样性最大值的偏离程度

续表

指标名称	计算公式	指标解释
整体生态连接度	$\mathrm{IIC}=\left(\sum_{i=1}^{n}\sum_{i=1}^{n}\frac{a_i\cdot a_j}{1+nl_{ij}}\right)/A_{\mathrm{L}}^2$	基于生物流的流动顺利程度，反映各绿地斑块间的生态结构、功能或生态过程的有机联系
障碍影响指数	$\mathrm{BEI_s}=b_\mathrm{s}-k_{\mathrm{s1}}\ln\left[k_{\mathrm{s2}}(b_\mathrm{s}-d_\mathrm{s})+1\right]$	基于生物流流动，衡量不同类型人造地表对绿地斑块间结构及功能联系的阻隔程度
景观巧合概率指数	$\mathrm{LCP}=\sum_{i=1}^{\mathrm{NC}}(C_i/A_\mathrm{L})^2$	基于概率统计原理，该指标指两个随机节点位于同一景观的概率
景观破碎度指数	$F=(\mathrm{NP}-1)/N_\mathrm{c}$	基于空间统计，表征同类型绿地斑块被分割的破碎程度
景观形状指数	$\mathrm{LSI}=c/4\sqrt{a}$	基于图论，对绿地斑块形状结构的衡量，它能反映人为因素对绿地分布形式的干扰强度
景观蔓延度	$\mathrm{CONT}=\left[1+\sum_{i=1}^{m}\sum_{j=1}^{n}\frac{P_{ij}\cdot\ln(P_{ij})}{2\ln(m)}\right]\times100$	基于阻力面的最小费用分析，表示绿地不同斑块类型在空间上的团聚程度或延展趋势，指数越高，其斑块间连接性越好
景观集聚指数	$\mathrm{AI}_i=e_{ii}/\max-e_{ii}$	衡量各类绿地在城市空间中分布的聚集程度

资料来源：根据杨文越，2019整理

3. 城市—区域尺度绿色基础设施观察模型缺位导致的学术研究不便：国际比较困难、经典分析框架数据支撑不足

上述问题的存在制约了城市—区域尺度绿色基础设施定量研究的深入，体现在以下方面。

一方面，由于地理条件、行政规模与等级、人口密度、经济发展水平的差异，不同国家“城市”语境尺度差异极大。依靠行政边界划分大都市区、城市群的抽样方法难以有效控制变量，难以解决国际城市“不可比”难题。

另一方面，科学的研究离不开解释框架的理论支撑。经济学、政治学等领域建立了众多研究生态公共品的经典解释框架，如财政分权视角、集体行动视角等（李娟娟，2015；丁菊红，2008；舒城，2020）。而上述经典理论框架的运用离不开对绿色基础设施这一公共品进行质量评价，相关评价研究的缺失制约了从动力视角审视绿色基础设施的深入研究。

1.4 研究问题

基于现有绿色基础设施研究的概念、尺度、计量瓶颈，本研究确定的核心问题为：

如何建立适应城市—区域尺度下绿色基础设施空间计量的观察体系，全面观察城市—区域尺度绿色基础设施的空间特征与发展趋势，从而服务城市—区域绿色基础设施的布局推广与跨界治理。上述问题可以进一步细化为以下几个子课题。

（1）选定合适的空间采样窗格，解决不同行政边界规模城市—区域难以比较的问题。

（2）建立核心指标体系，解决既有城市—区域尺度研究重总量指标，轻结构性、功能性指标，且输入数据精细度、异质性刻画不够的问题。

（3）基于城市—区域尺度关注核心生态流要素修正相关指标模型计算参数，解决既有模型参数在城市—区域尺度不适用的问题。

（4）运用模型观察国际城市—区域尺度下特大城市地区绿色基础设施的演进规律，并以京津冀为例，细致观察绿色基础设施的演进历史与特征，给出城市—区域尺度绿色基础设施演进背后的政策解释。

第2章

城市—区域尺度绿色基础设施观察理论基础

本研究认为，城市—区域尺度下绿色基础设施研究面临概念范畴模糊、数据处理精度不高、模型计量尺度局限等问题产生的根本原因在于，学界对城市—区域尺度绿色基础设施涉及的关键要素与核心价值理解不够深入，尤其是对城市—区域尺度的空间特征与生态特征认识不深。对此，研究基于尺度政治理论，对城市—区域这一尺度重构现象进行解读，并据此重新界定尺度重构下城市—区域尺度绿色基础设施关注的核心要素与空间实体。

2.1 理论基础

2.1.1 尺度、尺度政治理论与尺度重构关系

尺度作为一种度量单位或分析概念，被用以表达空间规模、层次与研究主体之间的相互关系（张争胜，2017）。自20世纪80 年代起，尺度被重新进行解释，学者们指出尺度并非客观存在，而是由社会所构建（Taylor，1982；Brenner，2001，Smith，1992），尺度是为度量和认识世界的关系而衍生出来的概念。因此学界对尺度背后所涉及的社会、人文、权力过程十分关注（殷洁 等，2013；王丰龙，2017；张京祥，2014）。

泰勒等马克思主义地理学者较早提出了政治地理学的尺度概念，他们将权力关系（等级）与空间结构（领土）相对应。在这样的分析语境下，尺度是一种空间化的等级结构，具有水平范围差异和垂直层级结构双重属性（Taylor，1982）。一些学者据此思路进一步深化，认为可以将尺度理解为一种认识框架，即对不同范围的地理过程和不同维度的地理属性进行划分、组合和再现，形成等级化的认识、结构或关系（王丰龙，2017；Jones，1998；Manson，2008）。在这样的理论视角下，人类活动往往被置于全球—国家—区域—城市—社区的层级视角（吴良镛，2001），研究者可以根据研究的需要，选择合适的尺度并关注由此凸显的问题。

尺度政治是基于尺度概念来刻画不同参与主体的权力关系和话语表达的理论视角（刘云刚，2011）。在尺度政治的分析框架下，尺度被看作相互斗争的社会力量博弈的平台（Smith，1992）。尺度重构是尺度政治的核心机制，是实现共同利益或追求自身利益最大化的一种途径，其主要形式包含上推、下推、跳跃、重组等（王丰龙，2017）。

2.1.2 城市—区域尺度重构本质：不同主体在城市—区域的共同生态利益与博弈

尺度政治研究主要涉及三种尺度形式：第一种是空间领土范围的规模，即边界的尺度；第二种是行政组织的级别，即层级化的命令与权属关系尺度；第三种是地方权利行

动对应的边界，即地方政治活动的合法性、合理性尺度，是确定该尺度下参与政治活动最适宜主体的过程，其中涉及的行动主体可以是政府、市场或个人（王丰龙，2017）。

城市—区域的共同利益与竞争博弈的环节众多，本研究主要观察生态层面的共同利益与博弈。研究中，城市—区域尺度观察窗口的建立对应的是上述第三种尺度形式，即城市—区域尺度政治活动开展的合理性边界的界定问题。因为在将城市—区域视为一个生态整体的前提下，区域内部的空气、水、土壤、植被与生物可以被视为区域的共同宝贵资源，尤其当上述资源在城市—区域范围内流动时，便将城市—区域联系成为一个生态共同体，由此带来生态环境的一荣俱荣、一损俱损。城市—区域将共享由于通畅空气、水流动带来的良好环境品质与水资源保障，也将共同承担由于水资源污染、空气污染、风沙灾害等带来的环境负面效应，无论上述负面效应产生的根源是在城市—区域内部的哪一局部，都将由整个区域承担全部后果。因此，政府在城市—区域尺度提供生态服务管理公共品的边界不应局限于行政边界，因为这样难以实现对生态共同体的全面管控，而是应基于实际的自然地理单元边界，从而实现对城市—区域生态系统的全覆盖管理。

2.1.3 城市—区域尺度跨界地区共同生态利益：空气、水等区域生态流

1．我国“山川形便、犬牙相入”行政区划方法造成的自然分割

为了服务管理阶层的统治稳定与管理方便，我国历史上形成了“山川形便、犬牙相入”两种行政边界划定方式（王晓峰，2018）。“山川形便”是指以自然山川作为政区边界，使行政区域与自然区域保持一致，从而便于农业生产和军事防守；“犬牙相入”是指部分行政区域与自然区域相背离，目的是防止地方军事割据产生的统治不稳定。当前中国仍基本遵循着“山川形便”与“犬牙相入”的政区划界原则，总体呈现出行政级别越高受“山川形便”的影响越明显，海拔越低受“犬牙相入”的影响越明显的基本特征（赵彪，2021）。

尽管无论何种行政边界划定方式都会产生自然分割，但是“犬牙相入”的划界方式更容易引发围绕资源环境使用的城市间权益冲突。众多历史研究指出，行政边界附近的矿产、土地、草场、森林等资源尽管有明确的归属边界，但其利用仍然会产生激烈的政治博弈，因为资源的使用与开发往往伴随着巨大的环境外部性（王爱民，2002）。与此相比较，空气、水、动物资源等流动资源的使用，在城市边界附近引起的利益博弈会更大，因为其流动的特征意味着权属的不确定和利益与责任较模糊，是容易造成“公地悲剧”的重要领域。例如，行政区划矛盾曾是淮河流域水事纠纷频发的重要制度诱因和利益冲突的根本原因（张崇旺，2015）。与此相类似，流域治理、水污染、风沙侵袭、雾

霾水平输送以及洪水等区域性灾害预防等问题均是困扰城市发展，但仅凭城市自身难以解决的区域性问题，相关问题极易因“搭便车”现象而引发区域治理矛盾（李雅，2018；蔡云楠，2016；刘海猛 等，2018；严恩萍 等，2014）。

2. 难以割裂的区域共同生态利益——确保空气、水的有序流动以提供生命保障并避免灾害发生

空气、水、动物等生态流的流动联系，使跨界地区在生态层面产生了利益共同体：一方面，跨界地区都想获得清洁的空气、健康的水源；另一方面，跨界地区都想避免由于空气、水的不合理流动带来的区域灾害，即都想避免洪水、风沙、水体污染扩散、雾霾水平传输、动物疾病传播等（表2-1）。

由于生态流固有的属性差异，上述生态流的流动范围也存在不同的距离差异。通常认为非迁徙性动植物活动范围为几十公里至几百公里；水体在流域范围内连续流动；空气的流动范围则更加广泛与复杂，与大气环流与下垫面情况有紧密联系。因此，在城市—区域尺度，空气和水的流动是跨城市之间生态流的主要成分，这两项生态流也构成了城市—区域层面共同生态利益的主要内容。与此相比，保障物种迁徙则不是跨界地区的共同利益，因为大部分生物迁徙范围远小于城市—区域尺度涉及的万平方公里规模。

绿色基础设施与区域生态流的关系和影响　　表 2-1

生态流	促进流动	阻止流动
水	泄洪、水污染净化	水源涵养、水资源利用
空气	反热岛效应	防止雾霾传输、风沙侵袭
生物迁徙	保障生物多样性	设立自然保护区

资料来源：根据义旭东，2005整理

2.2 观察对象

2.2.1 城市—区域尺度绿色基础设施界定：区域性绿地、绿道与流域性雨洪设施

政府对于跨区域公共品供给通常积极性不高（张树剑 等，2020）。但随着尺度重构现象的产生，一些学者发现围绕区域共同生态利益，地方政府有意愿对跨界生态公共品进行投资与建设（李空明，2021；黄媛媛，2020）。然而这种投资通常局限在非常有限的领域——保障空气、水等区域生态流合理流动相关的绿色空间。其涉及的具体绿色基础设施工程项目有三类：区域性绿地、区域性绿道与流域性雨洪设施（贺裔闻，2020；王雪原，2020；赵雪菲，2018；来雪文，2018；赵晨晓，2021；罗睿瑶，2020）。据此

界定本研究所涉及的城市—区域尺度绿色基础设施，特指区域性绿地、区域性绿道以及流域性雨洪设施。

《城市绿地分类标准》（CJJ/T 85—2017）中对区域性绿地的定义为：城市非建设用地中具有游憩康体休闲、城乡生态格局保护、安全防护隔离、园林苗木生产等功能的绿地。此外，对于国家区域安全有重要战略意义的防护林、自然森林也是区域绿地的重要组成部分。

流域性雨洪设施是指城市、区域尺度的透水性土壤和植被的保护、土地开发控制、防洪预测预警、灾后规避区划分等相关的行动与设施建设（苏伟忠，2019）。为应对当前国家治理能力现代化水平不断提升的诉求，流域整体乃至跨流域的治理行动也是广义上的流域性雨洪设施。此外，随着低冲击开发、基于自然的解决方案、海绵城市等理念的不断深入，上述理念在区域水利工程的应用也可视为流域性雨洪设施。

区域性绿道是指在自然廊道（河流、山谷等）或交通线路附近将公园等绿色空间连接起来，兼具生态、交通、文化与游憩等价值的绿色土地开发利用的带状空间（王甫园，2019）。此外，传统意义上的道路绿化设施（绿化带、隔离带等）也是本书中绿道的研究范畴。

从空间的视角关注城市—区域尺度跨界地区的共同绿色工程，可以将区域性绿地、流域性雨洪设施与区域性绿道设施进一步细化为四类相关空间实体：绿色空间，包括草地、疏林、森林等；城乡建成空间，主要为人造地表的不透水地面；交通设施，包括公路、铁路等；水利设施，包括河湖水系等（图2-1）。需要特别说明的是，由于耕地在我国特殊的战略性地位，其不仅承担着为区域和城市提供食物的支撑功能，还同时为农民提供生活保障，是一种兼具生态价值、社会价值与政治价值的空间，单纯以绿色基础设施这一生态服务维度的概念表述显得不够全面。因此，本研究对耕地不作过多讨论。

绿色空间

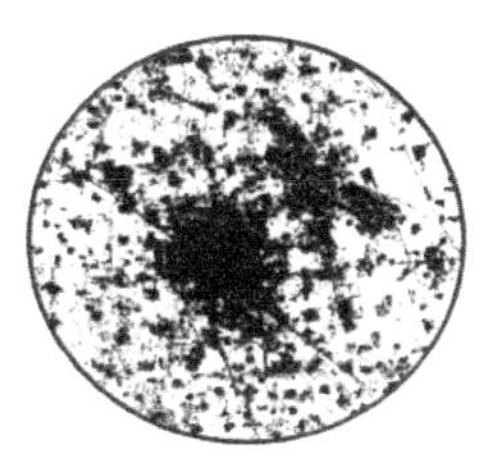
城乡建成空间

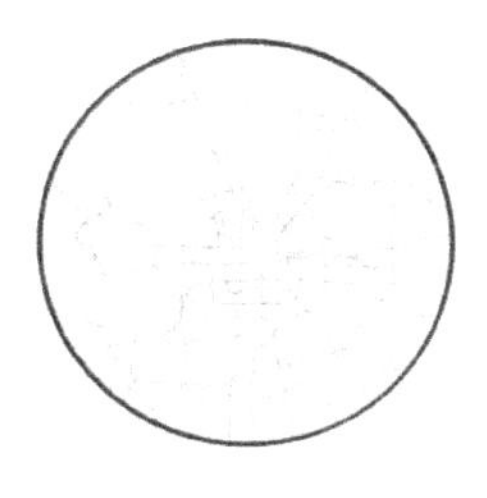
交通设施

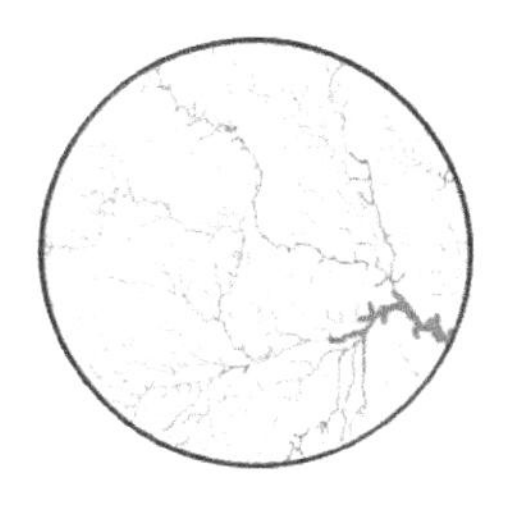
水利设施

图2-1　本研究观察的城市—区域尺度绿色基础设施涉及空间实体

2.2.2 观察单元：划定国际通用的固定规模样窗

既有绿色基础设施评价模型难以在城市区域尺度应用的一个主要原因是难以在全球范围内获得可比的城市空间抽样样本。因为以行政边界为样本边界会为研究带来一系列不便——城市规模、行政等级的差异导致一些城市难以比较。为了避免上述问题，研究采用固定样窗法的空间抽样方式获取研究样本。即以一个固定大小的窗格观察城市—区域，避免行政边界等因素的干扰。当观察窗格尺度合适且普遍大于行政边界规模时，则观察窗格内是一个规模固定的城市—区域空间，方便研究进行变量控制。

1．观察单元划定经验借鉴——美国大都市统计区和欧盟标准地域统计单元

超越行政边界，在更大范围内建立可比的空间观察单元在国际上有丰富的成熟经验，其中具有代表性的有美国大都市统计区（metropolitan statistics area，MSA）和欧盟标准地域统计单元（nomenclature of territorial units of statistics，NUTS）。本研究观察单元的划定借鉴了上述两个国际统计单元的划定目标与原则。

在建立统计单元的目标方面，欧盟划定标准地域统计单元的目的主要基于以下几方面考虑：①作为收集不同地区统计数据的统计单元；②作为经济社会发展情况的分析单元，其中NUTS1主要针对经济社会整体特征分析，NUTS2主要针对政策落实情况分析，NUTS3主要针对特殊情况与具体问题的分析；③作为政策落实的区域单元，其中欧盟所提供的结构性基金主要面向NUTS2层级，优惠政策的具体落实针对NUTS3层面，欧盟协同凝聚报告的研究对象以NUTS2为主。由于标准地域统计单元分类与政策、基金的紧密绑定，使这一单元分区在应用中逐渐取代了欧盟传统的农业和交通分区方式，并不断被用于欧盟经济核算、各项调查、政策制定的过程中（蔡玉梅，2015）。

大都市统计区（metropolitan statistical area，MSA）是美国的一种联邦统计标准，是指一个较大的人口中心以及外围与其有高度经济社会联系的地区所组成的空间统计单元（许学强 等，1996）。由于联邦和州政府机构通常按照大都市区的边界范围分配资金、制定项目标准、落实具体工程，因此实际上大都市统计区已成为美国非常重要的国家治理单元（罗海明，2007）。

在确定统计单元的规模方面，欧盟标准地域统计单元的划定主要遵循行政单元和功能单元兼顾的原则（表2-2），其中功能单元可以按照土壤类型、收入水平、海拔高程等因素划分。美国大都市统计区的划定原则较为繁杂（表2-3），近百年也经历了不断完善与更新。具体划分标准虽有较大变动，但其总体设计思路始终是从中央核（central core）、流测度（data of flow）、大都市区特征（metropolitan character）和基本地理单元（geographic unit）四个方面来进行。

欧盟不同等级标准统计区的应用侧重与规模标准　表 2-2

等级	内涵	人口规模（人）
NUTS1	主要的社会经济地区	300万～700万
NUTS2	落实区域政策的基本地区	80万～300万
NUTS3	有特殊问题或功能的小区	15万～80万

资料来源：根据蔡玉梅，2015整理

美国大都市统计区划定标准　表 2-3

中心城标准	外围县标准
中心市人口在5万以上	人口密度在25人/mi^{2}以上，10%以上人口或者至少5000人居住在城市化地区，通勤率为50%以上
人口大于10万人的大都市区中城市化地区人口在5万以上	人口密度在35人/mi^{2}以上，10%以上人口或者至少5000人居住在城市化地区，通勤率为40%～50%
中心核满足以下特征： • 包括大都市统计区（综合大都市统计区）中最大的市； • 每个市的人口在2.5万以上，就业率不低于75%，外向通勤率小于60%； • 每个市的人口在1.5万以上，是最大中心市人口的三分之一以上，就业率不低于75%，外向通勤率小于60%； • 人口超过1.5万的市需满足上述就业和通勤比例，且位于人口第二大的非相连城市化地区； • 在第二大的非相连城市化地区中，人口超过1.5万和占最大中心市人口的三分之一以上的市需满足上述就业和通勤比例	人口密度在35人/mi^{2}以上并且满足如下条件之一：人口密度在50人/mi^{2}以上，城市人口比例在35%以上；10%以上人口或至少5000人居住在城市化地区，通勤率为25%～40% 人口密度在50人/mi^{2}以上并且满足如下条件之二：人口密度在60人/mi^{2}以上，城市人口比重在35%以上；人口增长率在20%以上；10%以上人口或者至少5000 人居住在城市化地区，通勤率为15%～25% 人口密度小于50人/mi^{2}并且满足如下条件之二：城市人口比重35%以上；10%以上人口或者至少5000人居住在城市化地区，通勤率为15%～25%

资料来源：张可云，2017

通过对欧美统计单元划定的目标与原则梳理可以看出，关注人口、要素密集的大城市地区，关注跨行政边界的功能与各种要素流联系，关注信息收集结果之间的可比性，是统计单元建立的共性规律。因此，本研究跨界观察单元的建立也遵循上述原则。

此外，从欧美最终统计单元划定的空间规模结果来看，万平方公里是重要的统计规模——美国大都市统计区的平均规模在1.1万km^2，欧盟NUTS2划分的平均规模为5.3万km^2。因此，本研究为观察城市—区域绿色基础设施的固定窗口也应接近这一规模，从而有利于与国际统计单元间的接轨和比较。

2．固定样窗规模确定

本研究基于国内城市群、地级市以及美国大都市统计区、NUTS2空间规模的统计学规律，划定200km×200km（4万km^2）的分析单元。选择这一尺寸的观察单元的原因主要基于以下两点考虑。

（1）普遍的跨界地区：这一窗格范围大于我国94%的地级市面积（全国293个地级市和4个直辖市中仅有20个市面积大于4万km^2），同时也大于美国大都市统计区平均面积，接近NUTS2的平均面积。当这一固定窗格随机应用于全球不同地区时，窗格内的空间通常情况下是一个“跨城市”的空间实体，有助于探究城市—区域的跨界治理规律。

（2）城市群与地级市的中间尺度：以我国为例，这一尺寸的观察单元小于城市群的普遍规模（十几万平方公里），便于与城市群尺度进行区分，同时也有利于在观察过程中与城市群、地级市进行衔接，构建观察城市群的大—中—小窗口。

3．观察内容预设

划定200km×200km的固定样窗有利于观察城市—区域尺度的绿色基础设施特征，因为这一大小的窗格蕴含了丰富的多尺度信息。结合卫星数据，观察窗格内通常蕴含五级观察对象（图2-2）。

第一级观察对象：城市群整体。尽管窗格的大小不能包含完整的城市群，但通过数十个窗格的组合，通常可以观察到完整的城市群目标。这样将城市群划分为几十个窗格的方式，尽管不能起到细致认识城市群的作用（细致认识城市群可以通过仔细分析窗口第二级、第三级观察对象实现），但可以帮助研究者从整体和结构方面认识城市群的形态与构成，对于了解城市群的整体特征有一定帮助。

第二级观察对象：万平方公里观察窗口，即城市—区域整体。通过适合的窗口位置选择（通常将核心城市建设用地重心作为窗口的中心），在窗口中可以观察到相对完整的核心城市与腹地关系，以及城市—区域所拥有的相对完整的山水格局与道路绿带

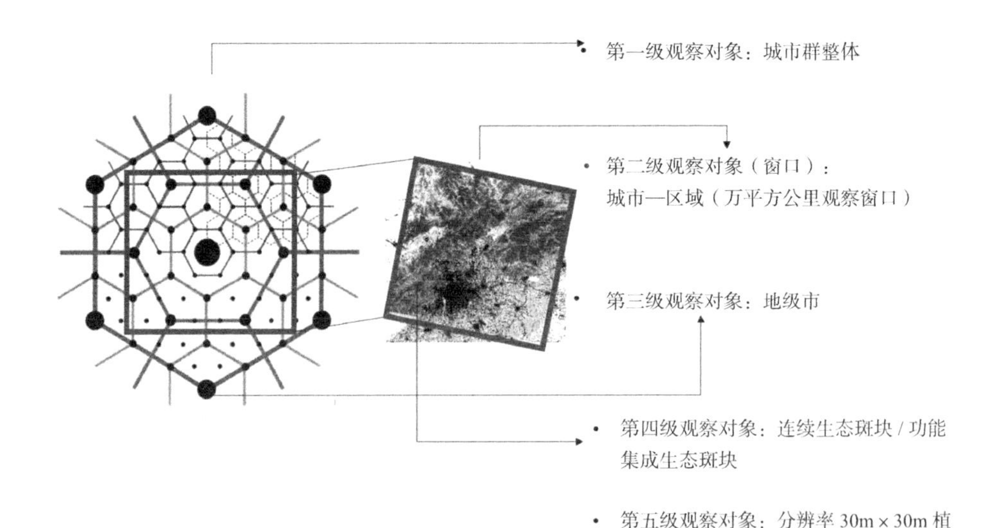

图2-2　面向城市群研究的城市—区域尺度观察内容示意

系统。此外，行政边界的交错相入不会破坏观察的连续性，反而有利于分析跨区域的权力—利益关系，确定相关利益主体。

第三级观察对象：地级市行政单元。通常包括核心城市全域，以及周边地级市的部分地区，通过对行政边界的关注有利于分析管理政策的差异，明确政策变量的空间范围边界。

第四级观察对象：生态斑块。通过连接度计算或者功能集成度计算，在连续阈值或功能缓冲区范围内的绿地被视为连续生态斑块或功能集成生态斑块。连续生态斑块作为城市区域内部生态流空间移动的物理支撑媒介与联系桥梁，对绿色基础设施生态效益、环境效益与社会效益的发挥有至关重要的作用。通过窗口的观察，可以看到连续生态斑块与人造地表、灰色基础设施之间的空间关系，有助于进一步实现对绿色基础设施特征的分析与归纳。

第五级观察对象：卫星图像分辨率的微观颗粒。本研究应用的卫星图像为30m×30m分辨率，部分年份由于卫星更新周期的原因采用250m×250m分辨率。高精度卫星的使用可以保障观察窗口在不同缩放环境下的绿色基础设施信息的容量与精准程度。

第3章

城市—区域尺度绿色基础设施观察数据与模型

3.1 数据改进

3.1.1 数据来源：高精度卫星梯度数据与开源数据

本研究采取的核心植被数据是NASA 2000～2015年全球植被变化30m卫星（Global Forest Cover Change Tree Cover Multi–Year Global 30m）数据以及美国地质勘探局（USGS）2000～2020年全球植被覆盖250m卫星数据（The MOD44B Version 6 Vegetation Continuous Fields，VCF）。上述数据测定栅格内植被覆盖面积比例，以0～100%计。其数据本质是将绿色空间按照植被覆盖程度划分为100层的连续梯度数据（图3–1）。

前文已述，采用梯度数据可以避免斑块数据在刻画绿色基础设施内部异质性方面的不足。此外，梯度数据还可以利用连续的表面梯度属性进行表面分析，实现均一斑块无法进行的计算。梯度数据可以根据研究者的需要精细化地提取属性转化为斑块数据也是其重要的优势之一。

本研究其他空间实体数据来源如下：全球建设用地（人造地表）信息来自于Global Artificial Impervious Area（GAIA）（宫鹏，2018）；全球道路信息来自于OpenStreetMap；全球河流信息来自于全球河岸宽度深度数据库（Global River Bankfull Width & Depth Database），该数据基于LandSat卫星提取，在北美地区进行了可靠性检验[①]。

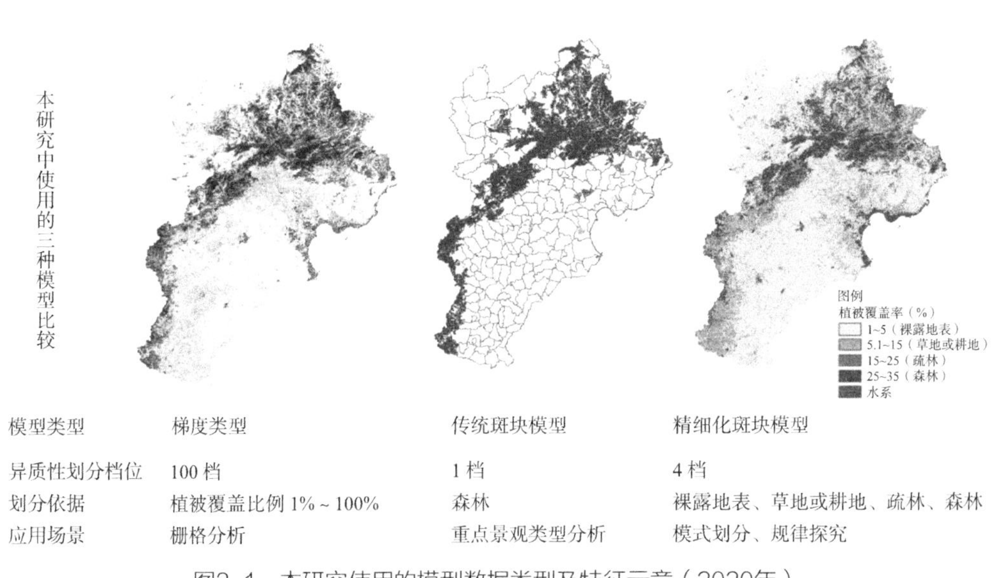

模型类型	梯度类型	传统斑块模型	精细化斑块模型
异质性划分档位	100 档	1 档	4 档
划分依据	植被覆盖比例 1%～100%	森林	裸露地表、草地或耕地、疏林、森林
应用场景	栅格分析	重点景观类型分析	模式划分、规律探究

图3–1　本研究使用的模型数据类型及特征示意（2020年）

① 详见http://gaia.geosci.unc.edu/rivers

3.1.2 细致分类：面向异质性刻画的精细斑块划分

为了更加精细地利用连续性数据，并延续经典斑块分析的模型定量方法，本研究采取精细化划分斑块的形式，将植被覆盖率划分为几个梯度区间，并将相同区间内的栅格数据划归为同一斑块。不同于传统斑块生成方式，即将所有绿色植被划为均一斑块的办法，这种根据植被覆盖率区间划定斑块的办法可以使斑块模拟更接近现实自然场景，并且可以延续一系列经典斑块分析。

为此需要对本研究使用的数据赋值属性——植被覆盖比例进行解释。在现实中绿色植被随机分布于地表，通过红外线反射程度以及相关算法的计算，可以得出每一个分辨率单元格内的植被覆盖比例①。为了便于理解，研究将随机的植被空间分布情况与植被覆盖比例作极端抽象假设并进行解释（图3-2）。假设分辨率单元内所有的植被均集中分布在一隅，其现实意义为：25%的绿地覆盖率意味着绿地斑块与其他绿地斑块的间隔为绿地斑块的1倍边长，10%的绿地覆盖率意味着斑块与其他斑块的距离为约2倍边长，5%的绿地覆盖率意味着斑块与其他斑块的距离为约5倍斑块边长。了解卫星数据赋值属性与现实情景的对应关系有助于建立符合现实的植被分类标准。

联合国粮食及农业组织（FAO）对森林的定义是“面积在0.5hm²以上、树木高于5m、林冠覆盖率超过10%，或树木在原生境能够达到这一阈值的土地”。《中华人民共和国森林法实施条例》对“林地”的定义是林地包括郁闭度0.2 以上的乔木林地以及竹林地、灌木林地、疏林地、采伐迹地、火烧迹地、未成林造林地、苗圃地和县级以上人民政府规划的宜林地（杜群，2018）。本研究将0～5%植被覆盖比例的土地定义为裸露地表与水系，将6%～10%植被覆盖比例的土地定义为耕地或草地，将10%～25%植被覆盖比例的土地定义为疏林，将25%以上植被覆盖比例的土地定义为森林（表3-1）。上述

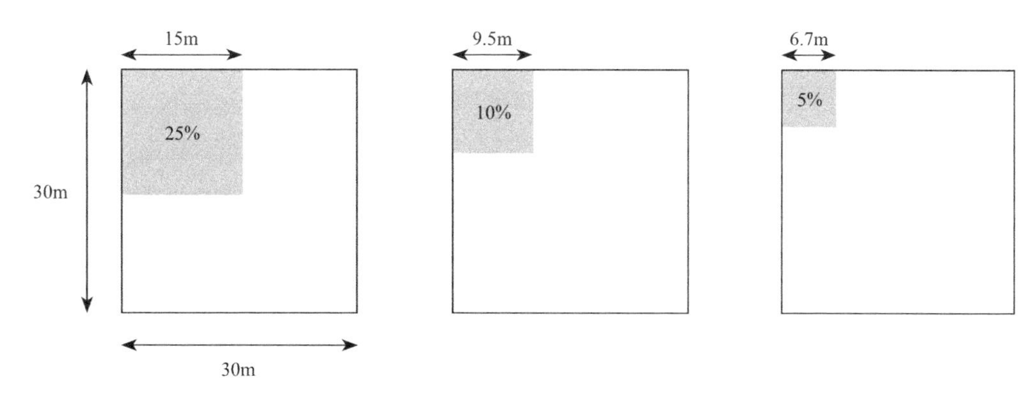

图3-2 卫星图像像素单元内植被覆盖率内涵示意

① 算法详见https://cmr.earthdata.nasa.gov/search/concepts/C1540118694-LPDAAC_ECS.html

取值范围是根据笔者将植被覆盖数据内在全球选取100个随机抽样点与谷歌卫星图像校核现实土地类型后确定的。

根据卫星图像植被覆盖比例划分的土地类型　　表3-1

植被覆盖比例	土地类型划分
0～5%	裸露地表、水系
6%～10%	耕地或草地
11%～25%	疏林
25%～100%	森林

3.1.3　数据校核：多源卫星校正与政策文件校核

卫星图像数据尽管具有覆盖全面、历史可比、精度较高（30m）的优势，但也存在由于云层、投影、采集角度等原因产生的误差。分析相关文献对本研究所使用数据的评价可知，本研究使用数据存在的主要误差是不同年份耕地作物变化影响地表覆盖判别（Cao，2016），即由于小麦、玉米、大豆等作物不同年份耕种类型的变化导致卫星识别出现偏差。为此，本研究提出的解决措施为：①通过耕地的卫星图像进行校正，但是这仍属于借助于卫星的方法；②基于绿化、基础设施建设政策、项目、工程文件校核（详见本书附件C）。

3.2　指标确定

3.2.1　指标选取：连接度与功能集成度

对城市—区域尺度绿色基础设施定量分析的核心工作是找到能够反映该尺度下绿色基础设施核心价值特征的表征指标。前文已对绿色基础设施模型计量进行综述，目前既有研究评价城市—区域尺度绿色基础设施的评价指标主要为绿地率、人均绿地面积等总量性指标，对于反映绿色基础设施服务水平与结构质量的结构性指标与功能性指标应用较为不足。针对上述问题，研究计划采用结构性与功能性指标描述城市—区域尺度的绿色基础设施特征，以充实既有研究。

研究通过专家打分法对评价绿色基础设施众多的结构性、功能性指标进行筛选，以找出能反映城市—区域尺度绿色基础设施价值特征的核心指标。通过向城乡规划和风景园林领域的专家发放关于绿色基础设施结构性与功能性评价指标权重调查表，计算备选指标的权重，最终确定核心指标。备选指标的清单基于对既有研究常用指标的梳理，如表3-2所示。

专家打分法待确定权重的指标列表　　表3-2

指标类型	指标名称	指标类型	指标名称
结构性指标	多样性指数	功能性指标	滞尘能力
	景观破碎化指数		降温增湿
	均匀度指数		固碳效应
	景观连通性		降低噪声
	可达性指标		涵养水源
	优势度指数		吸收SO_2
	绿地斑块密度指数		杀菌能力
	公平性		热岛效应缓解作用
	景观形状指数		游憩休闲功能
	最大斑块指数		避震疏散绿地面积
	景观最小距离指数		空气负离子水平
	平均斑块形状指数		社会绿化参与度
	……		景观引力场
			抗污能力
			……

既有研究指出，德尔菲法的参与专家人数由研究问题的具体情况而定，一般为10～50人（Hill，1975；曾照云，2016）。受限于地域与关系网络，研究在北京向相关专家发放了40份问卷，收回有效问卷32份。因此，不得不承认本研究所产生的城市—区域绿色基础设施评价指标体系具有一定的地域局限性，在北京及周边地区具有一定代表性，在其他地区的适用性与合理性仍需进一步检验。

研究最终选取连接度与功能集成度作为本研究关注的核心指标（表3-3）。原因如下：从权重结果看，结构性指标中连接度指数、景观破碎化指数均具有较高权重，二者权重加和超过0.5。然而进一步分析二者的含义可知，景观连接度描述了景观要素在空间格局或生态过程上的有机联系（陈春娣，2017）；景观破碎化是指由于自然或人为因素的干扰，原本连续的景观逐步变为许多彼此隔离的不连续的斑块镶嵌体并丧失生态联系的过程（王云才，2011）。两项指标关注的核心都是斑块之间生物流联系程度，因此在内涵上具有一致性，本研究以权重较高的连接度作为代表进行应用。在功能性指标方面，涵养水源、滞尘、防风固沙、服务游憩等均是城市—区域尺度绿色基础设施较

经专家打分法确定的指标权重　　表 3-3

结构性指标	权重	功能性指标	权重
景观连通性	0.32	功能集成度指数	0.27
		涵养水源	0.21
景观破碎化指数	0.24	滞尘能力	0.17
		防风固沙	0.14
绿地斑块密度指数	0.19	游憩休闲功能	0.1
		降温增湿（反热岛效应）	0.05
景观形状指数	0.13	固碳效应	0.04
		土壤固定（防止地质灾害）	0.01
其他指数	0.12	物种迁徙、播种能力	0.01

为重要的职能，且城市区域尺度绿色基础设施大多同时发挥上述多项功能中的几项。从技术层面将上述功能单独剥离开研究较为困难，同时上述指标权重较为接近。因此，经过衡量，研究选择可以综合反映各项功能协同程度的功能集成度指标作为功能性指标的代表。

3.2.2　指标生态意义：从生态流循环视角认识连接度与功能集成度

在生态学中通常以“流”的形式表征生态因素与环境之间进行的物质、能量与信息交换（Tansley，1935）。与流动空间理论所关注的资金流、人流、物流等相类似，生态流的路径、方向、强度与速率可以反映生态系统的物质传递、新陈代谢、能量转化、价值增减等信息。大气环流、水循环、碳循环等是生态流分析的经典范式，上述循环成立的必要前提是流动的连续，流动连续性的中断会打破循环结构的稳定状态，造成生态循环失衡，并产生一系列严重后果。从一定程度上看，雾霾、洪水等灾害的产生便是空气循环与水循环在某一环节或地区失衡的现象（白桦，2020；徐卫红，2019）。

但关于生态流的定量研究尚处在“概念引入”阶段，相应的分析范式、技术方法和典型分析尚不多见（郭贝贝，2015）。因此，本研究没有采用直接度量生态流的方式描绘生态流动，而是基于空间的视角，通过观察生态流流动所需的介质与路径——绿色基础设施的完整与系统程度来间接反映生态流的流动与循环情况。

生态流空间扩散需要克服一定的空间阻力，通常情况下绿色空间是空气、水等生态流的“良导体”，可以提升生态流循环的韧性。借助绿色斑块、通道等介质可以实现促进或减缓生态流流动的效果，但通常不会产生生态流截断。生态流截断从空间层面分析其原因主要有两点：①作为生态流传播介质的绿色斑块过于破碎，斑块间的欧氏距离过

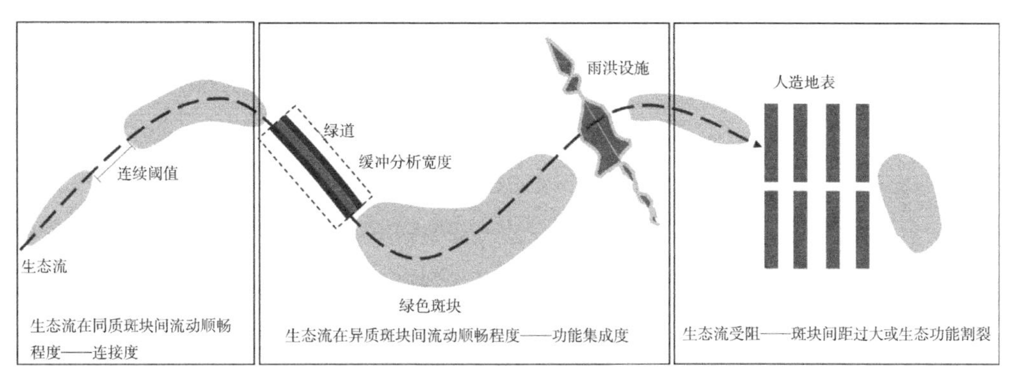

图3-3 基于生态流流动顺畅视角下连接度与功能集成度的生态学价值示意

大，导致生态流传播“通道”或“踏脚石”消失；②生态流传播路径上存在如灰色人造地表、戈壁、沙漠等非传播介质，通过阻隔、吸收等作用导致生态流难以穿透。因此，在生态流传播与循环构建过程中，按照传输介质的不同，其过程大体上可以划分为两种情况：生态流在同质介质中传播，该介质通常为绿色斑块；生态流在异质介质中传播，通常为在绿色斑块介质与灰色非介质之间“跳跃”（图3-3）。

生态流在同质介质中传播，尽管介质有可能不完全连续，存在一定限度内的割裂，但生态流由于“惯性”，可以实现在小规模介质缝隙之间的“跳跃”。因此，介质的连续程度与生态流连续流动息息相关。在这样的情景下，以绿色空间为代表的绿色基础设施保障生态流流动的价值体现为绿地斑块的连续性。

当生态流在异质介质中传播时，即生态流流动到绿色斑块边缘遇到灰色基础设施等人造地表造成阻隔时，如果灰色基础设施为生态流传播留有“渗透”通道，或灰色基础设施与绿色斑块相互实现空间融合，则生态流仍可以通过“惯性”实现对灰色基础设施的“跳跃”，延续生态流的循环。在这样的情景下，允许生态流“渗透”的灰色基础设施以及灰色与绿色空间融合的基础设施是一种典型的绿色基础设施，如绿道、雨洪设施，其保障生态流在绿色—灰色介质中传播的特性为绿色基础设施的功能集成性。

3.2.3 指标价值：既有文献在生态、制度与工程层面的认知

1. 连续的价值：自然层面的规模效应、政策层面的管理高效、工程层面的安全韧性

连接度理论于1984 年由梅里亚姆（Merriam）首次提出，之后逐渐应用于生态学、生物行为学、数学等领域，相关学科不断对其理论与计量方法进行探索和扩展。其核心思想为景观连接度描述了景观要素在空间格局或生态过程上的有机联系。这种联系可能是生物群体间的物种或基因流，也可能是景观要素间物质与能量交换（陈春娣，2017）。

基于对相关文献的综述，连续的绿色基础设施价值主要体现在规模效益、管理高效、降低灾害风险、创造连续景观等方面。具体而言，规模以上绿地的作用主要是减轻热岛效应、改变区域气候、涵养水源与空间。针对北京市的研究发现，面积大于1hm^{2}的北京居住区绿地夏季昼平均降温1.43℃，昼平均增湿3.49%，并且伴随绿地规模的增大，降温增湿作用增强（陈康林，2016）。从伦敦绿带的经验看，连续绿色基础设施管理高效的特点体现在不连续的绿带会成为蔓延的突破口，导致城市—区域整体绿色格局被打破，从而导致整个计划的失败（文萍，2015）。绿色要素的连续可以降低灾害风险，出于木桶原理的解释，连接的断裂代表着脆弱环节和风险，风沙、污染防护、堤坝与隔离效应会大打折扣（牛志广，2014）。连续绿色基础设施可以创造富有特色的景观，线性连续景观有利于塑造秩序、韵律，体现规模与特色，同时有利于展现历史、景观、故事的完整性（周玫竺，2005）。

2. 功能集成性的价值：自然层面的复杂生态稳态、政策层面的多元价值目标、工程层面的低冲击开发

本研究所提及的功能集成度有两层含义：一是作为绿色化的交通、水利基础设施，其灰色设施与绿色空间的结合紧密程度，即灰色基础设施缓冲区范围内绿地斑块的数量与联系程度；二是指作为绿色化空间，其内部集成的功能多样性情况即绿色空间内的交通、水利等灰色设施空间占比情况，其本质也是绿地与交通、水利设施的结合与协同情况。

绿色空间与灰色设施要素集成可以实现低冲击开发，通过人工—自然相结合的技术手段可以相较于灰色基础设施更有效地降低污染与灾害的威胁，如有效降低不透水地面造成的城市内涝（宋彦 等，2015）。绿色空间与灰色设施要素集成可以实现多重社会效益，如林带与道路、水系结合可以降低污染、噪声与维护成本，从而实现生态、社会、经济等多元目标（陈上杰，2015）。绿色空间与灰色设施要素集成可以构造多样性景观，多样化的景观有利于提升人的注意力与精神，其实际应用体现在以下两点：①在道路设施方面，多样景观不容易导致驾驶者疲劳；②多样化的景观设计可以吸引人群，提升旅游服务潜力（解松芳 等，2014）。

3.3 模型选取

绿色基础设施连接度的计算通常包括结构性连接和功能性连接（陈春娣，2017）。结构性连接主要测定绿色基础设施的结构性特征，如斑块大小、位置和形状，反映的是斑块在空间格局上的物理联系；功能性连接的计算基于目标生态流的标的，通常是动物、植物、物质或能量等生物流在斑块间的迁徙、流动的生态过程，需要借助观测、模型、统计工具等手段实现测量。

本研究涉及的连接度计算主要指以水、空气生态流为媒介的功能性连接。目前连接度量化方法主要基于复合种群理论和空间图形理论等生态学和数学理论（齐珂，2016），按照分析方法原理可以分为渗透理论法、距离模型法、图论分析法等（Kindlmann，2008；富伟，2009；吴昌广，2010）。其中，图论分析法随着图论指数的不断发展（Pascual-Hortal，2006；Saura，2007；Saura，2011；Baranyi，2011）和相关软件的开发使用（Ray，2005；Saura，2011；Baranyi，2011）得到越来越广泛的应用，是近年来众多模型中应用领域最广、结果展示最直观的方法之一（Ernst，2014；O'Brien，2006；Shanthala，2013；Liu，2014；Hernández，2015；陈杰，2012）（图3-4）。图论分析法采用拓扑学方法将景观镶嵌体中的斑块、廊道、基质等抽象为节点、连接以及它们之间的生态流关系，通过简单、直观的图形方式反映生态系统中复杂的网络结构关系（陈春娣，2017）。本研究最终选择该方法作为计算连接度的模型。

既有研究对功能集成度的测量目前集中在景观多样性的测度上，常以香农多样性指数为代表的多样性指数测度区域植被覆盖的复杂程度，进而代指生态绿地的功能多样性（李莹莹，2016；董翠芳，2014）。然而前文已述，在绿色基础设施这一工程与自然结合的语境下，多功能不仅是生态服务效益的多功能，同时还包含提供工程服务的多功能，即提供蓄滞洪水、保障良好通勤交通环境、限制城市蔓延、防止雾霾与风沙水平传输等功能。尽管上述功能的发挥在本质上仍与绿地斑块内部的物种多样性息息相关，但绿色植被与灰色工程的联系紧密程度也是不应忽视的要素。因此，本研究在参照既有多样性

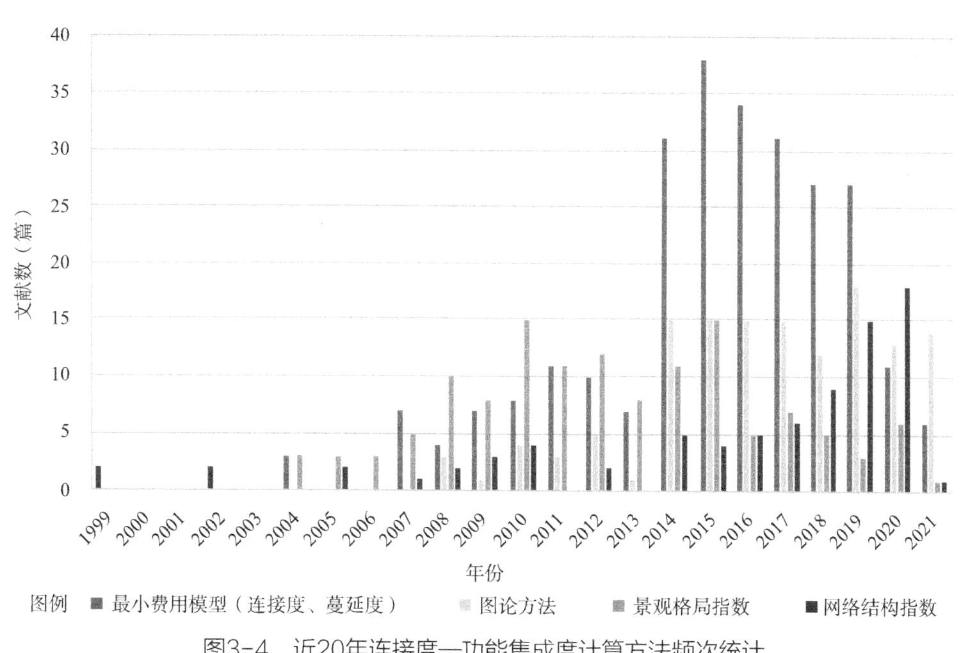

图3-4　近20年连接度—功能集成度计算方法频次统计

资料来源：根据陈春娣，2017更新

模型的基础上，结合描绘生态流连续的功能连接度的计算公式，以生态流在灰色设施与绿色植被之间的联系紧密程度来衡量绿色基础设施的功能集成度，提出功能集成度的计算模型（计算公式见后文），以期在反映绿色基础设施内部生态多样性的同时也反映在观察范围内（灰色设施缓冲区内）人工灰色工程与绿色植被景观的生态流联系紧密程度。

3.3.1 连接度计量模型

参照相关研究对图论连接度结果的表征方式，研究选择以下内容作为表征连接度的结果。

（1）斑块链接数（NL）

指每两个斑块相连关系的数量，景观连接性越好，其链接总数越多。

（2）连续斑块数（NC）

指由结构上相互连接的斑块组成的整体的数量，景观内各斑块间联系越紧密其组分数越少，意味着景观连续性越强。

（3）景观巧合概率（LCP）

其景观生态学意义是景观内的两个随机节点位于同一斑块的概率。一般来说，LCP的值随连通性的提高而增加。

$$\mathrm{LCP}=\sum_{i=1}^{\mathrm{NC}}\left(C_i / A_{\mathrm{L}}\right)^2$$

式中，C_i为连续斑块面积；A_{L}为研究区域的总面积；NC为连续斑块数。

（4）斑块整体连接度（IIC）

$$\mathrm{IIC}=\left(\sum_{i=1}^{n}\sum_{j=1}^{n}\frac{a_i \cdot a_j}{1+\mathrm{nl}_{ij}}\right) / A_{\mathrm{L}}{}^2$$

式中，n为生态斑块的数量；a_i和a_j分别为绿地景观斑块i和j的面积；nl_{ij}为斑块i与斑块j间最短路径上的链接数；A_{L}为研究区的总面积。

3.3.2 功能集成度计量模型

研究选择以下内容代表功能集成度的结果。

（1）功能斑块数量（NF）

指位于河流、道路等缓冲区范围内具有服务道路、河流韧性的绿地斑块数量。

（2）功能斑块面积（FA）

指位于河流、道路等缓冲区范围内具有服务道路、河流韧性的绿地斑块总面积。

（3）功能巧合概率（FCP）

这里指两点落入缓冲区范围内同一绿地斑块的概率，计算公式如下：

$$\mathrm{FCP}=\sum_{i=1}^{\mathrm{KG}}\left(\mathrm{FA}/A_{\mathrm{L}}\right)^{2}$$

式中，FA为功能斑块面积；A_{L}为研究区域的缓冲区总面积；KG为绿色基础设施种类，本研究中特指绿道、雨洪设施两类。

（4）功能斑块连接度指数（FIIC）

这里指功能斑块与绿地斑块联系的紧密程度。

$$\mathrm{FIIC}=\left(\sum_{i=1}^{n}\sum_{j=1}^{n}\frac{a_i\cdot a_j}{1+\mathrm{nl}_{ij}}\right)/A_{\mathrm{L}}^{2}$$

式中，n为缓冲区内功能斑块的数量；a_i和a_j分别为缓冲区内绿地斑块i和设施斑块（即道路斑块、河流水系斑块）j的面积；nl_{ij}为斑块i与斑块j间最短路径上的链接数；A_{L}为缓冲区总面积。

之所以选择上述几个结果，一方面是由于上述结果本身能够反映连接度/功能集成度的特征，另一方面这几个结果的函数类型不同，可以从不同的曲线类型逼近最佳的连接阈值/缓冲宽度区间。

上述结果的计算均由专门的计算工具 CONEFOR2.6软件完成，该软件是计算景观斑块连接度与功能联系的软件。连接阈值、缓冲区等参数在模型计算前输入设定，参数并不直接反映在上述计算公式中。

3.4 参数校正

3.4.1 连接度—功能集成度计算关注的核心问题：连接阈值与功能集成缓冲区宽度参数确定

众多图论连接度指数计算研究的共识为：连接度计算的核心在于连接阈值的确定。连接阈值是指当斑块间的距离小于或等于阈值时认为斑块互相连接。因为众多计算公式都是在这一参数限定的前提下进行计算的，连接阈值选择合理与否直接决定了计算结果能否真实反映景观斑块连续特征。代表性的学术观点有：适宜的连续阈值有利于识别景观中的关键斑块并及时发现连接脆弱的区域，对景观格局动态分析、生态恢复研究等均具有重要意义（杜志博，2019）；适应城市尺度的距离阈值的设定对城市生境评价至关重要（刘常富，2010）；图论功能连接度指数的应用关键在于参数的确定，即斑块连接的距离阈值（陈春娣，2017；姜磊，2012）；确定研究区适宜距离阈值有利于为景观生态安全格局构建和区域生态系统稳定研究提供可靠依据（蒙吉军，2016）。

与此类似，功能集成分析的重点在于缓冲区宽度的确定。尽管以往的香农多样性指数分析并不涉及缓冲区的概念，但是在道路、水利等基础设施的众多功能关联性分析中，缓冲分析一直是一个核心的工具与手段。众多研究针对不同的研究目的对缓冲分析的缓冲区宽度进行合理性测试（刘娇，2018；王小平，2017；凌德泉，2019；王频，2013；刘伟毅，2016）。缓冲区宽度的设定和设施功能辐射与联系的强度息息相关，缓冲区宽度设置的合理性决定了分析结果的统计学特征是否显著，以及是否能够全面展示设施的辐射作用与多要素关联程度（李昆，2020；彭羽，2012；李艳利，2015；朱邦耀，2013；李楠，2015）。

因此，本研究确定了模型应用改进的方向为修正或找出适应城市—区域尺度连接度与功能集成度计算模型的连接阈值参数和缓冲宽度参数。

3.4.2 连接阈值与缓冲宽度确定科学依据：目标生态流的生态学价值及特定尺度下模型计算结果的统计学价值

既有研究指出，上述两种模型计量参数的确定要具有生态学价值和统计学价值。所谓生态学价值，以连接阈值为例，是指连接阈值通常以目标生态流最大流动距离为其取值，在这样的距离内，理论上生态流可以完成斑块间的迁徙（图3-5）。常用的目标生态流有哺乳动物迁徙距离、植物种子传播距离及空气、水、风沙顺畅流动距离等。所谓统计学价值是指连接阈值的确定要能反映特定尺度下区域斑块的统计学特征：如果给定的连接阈值过大，意味着所有的斑块都连成一体；如果给定的连接阈值过小，则区域内所有斑块都是破碎的。上述两种情况均与实际自然状况不符，都是要在计算中极力避免的（图3-6）。缓冲宽度的统计学价值与其类似，缓冲宽度过大，则灰色设施与所有的绿色植被均存在功能关联潜力；缓冲宽度过小，则抹去了设施与邻近绿色植被进行生物流交流的可能。这二者皆与现实情况不符。

生态流实体：常用生态流标的物：动物、种子、空气、水、风沙等

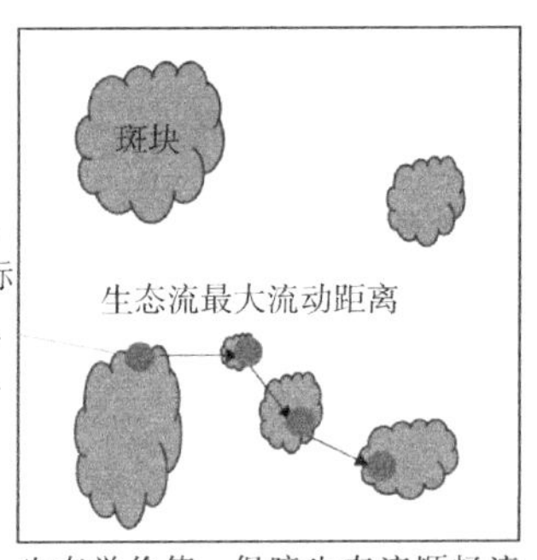

生态学价值：保障生态流顺畅流动。因此，以生态流最大流动距离为连接阈值

图3-5　连接阈值生态学价值示意

观察尺度的重构导致以往小尺度以动植物迁徙、植物种子传播为目标生态流确定的参数不再适用。城市—区域尺度目标生态流以空气、水的顺畅流动为宜。此外，既有研究中对风景区、社区尺度分析使用的小尺度参数在城市—区域尺度下模型计算结果的统计学特征不

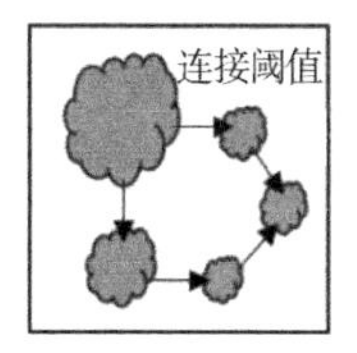

适宜小尺度区域的连接阈值：通常以动物、植物迁徙距离为阈值

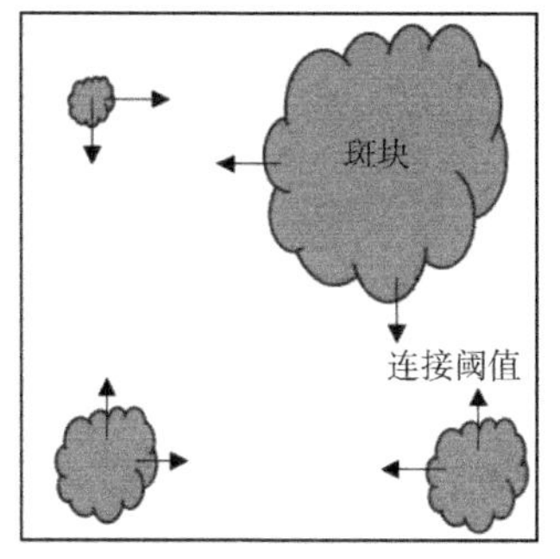

小尺度连接阈值运用在大尺度地区后果：往往造成连接性计算不具有统计学意义——所有的斑块都不连续，这明显与现实情况不符

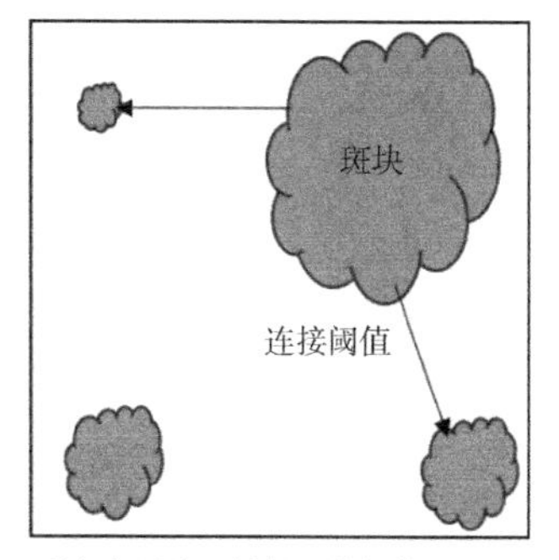

适宜大尺度区域的连接阈值：通常以水、空气、风沙有效流动距离作为连接阈值

图3-6　连接阈值统计学价值示意

明显。因此，城市—区域尺度重新确定连接度与功能集成度计算参数显得十分必要。

3.4.3　参数确定方法：距离梯度法

基于连接阈值和缓冲宽度确定的生态学与统计学依据，上述参数确定的方法也有两种。一种是基于生态学的目标生态流标记法；另一种是基于统计学的参数距离梯度测试法，即基于多组参数测试找到最能表征区域连接度和功能集成度统计学特征的结果。另一种方法近年来成为确定相关参数的主流方法，也更适用于大尺度地区，近5年该研究方法的应用占到相关文献的60%以上，多应用于森林、城市绿地、物种生境整体连接度和单个斑块的连接贡献值评估等方面（陈春娣 等，2017）。因此，本研究采用距离梯度法。距离梯度法的操作流程如下。

（1）确定城市—区域尺度下衡量绿色基础设施连续与功能集成的生态流标的物，本研究选择水、空气。

（2）通过文献综述，查找该尺度下绿色基础设施促进或阻止水、空气、风沙流动的有效规模，确定待测试的参数取值范围。

（3）选择代表性案例地区，运用多组待测试参数计算案例地区的连接度和功能集成度，建立参数与计算结果的对应曲线。

（4）寻找计算结果突变点，以突变点附近斜率较低且连接度、功能集成度计算尚未饱和的阈值作为可行的参数取值范围（图3-7）。

上述流程的本质是寻找模型在该尺度的稳健性区间，即寻找结果曲线斜率较小的区间。斜率小意味着参数的取值对计算结果的边际变化影响最小，此时模型稳健性最强，最能真实反映区域的真实统计学特征（蒙吉军，2016；杜志博，2019；陈春娣，2017）。

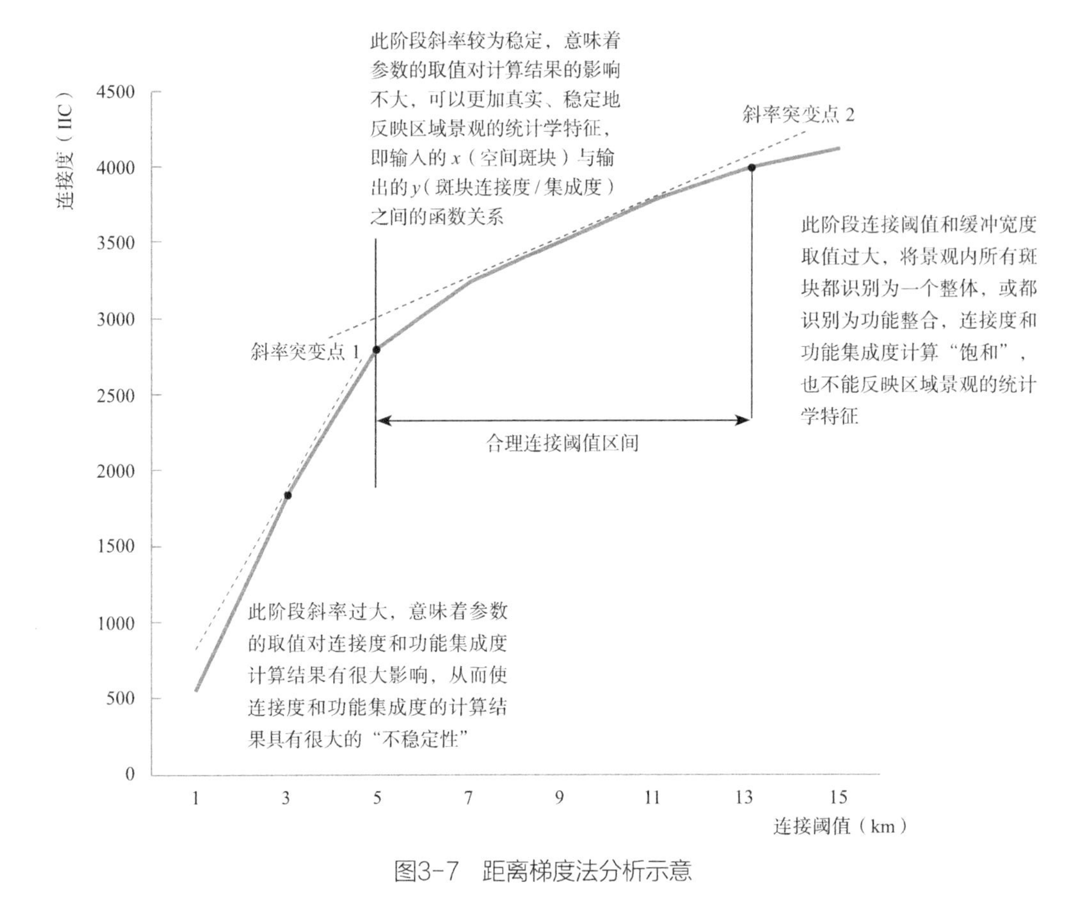

图3-7　距离梯度法分析示意

3.4.4　参数测试地区——全球8个绿色基础设施相对完善的特大城市地区

案例地区选取目的为测试模型通用性参数，同时为后续观察绿色基础设施特征规律提供具有代表性的案例地区。因此，需要寻找在全球绿色基础设施建设方面具有先锋性与代表性的地区，没有绿色基础设施建设实践、相关实践不具有推广价值的地区不在考虑范围内。

研究按照国内、亚洲、全球三个尺度，以绿色政策完善水平、经济发展水平、植被覆盖水平作为案例地区选择的三个维度，对上述维度的代表性指标（绿色政策文件数、人均GDP、绿地率）进行排序，选取排名前列的地区作为案例地区。最终选择纽约—费城地区、伦敦、兰斯塔德地区、首尔、东京、北京、上海、广州—深圳8个特大城市地区作为模型参数测试对象。

以城市建设用地重心作为观察窗口中心，最终被选定作为参数测试的空间范围。相关地区的绿色基础设施建设水平与政策工具将在后文进行详细介绍。

3.4.5 连接阈值测试

1. 待测试范围框定：促进或阻止水、空气、风沙等生态流流动的绿色基础设施有效规模梳理

通过对既有文献的梳理，研究总结城市—区域尺度绿色基础设施的连接形态具有以下规模要求：①基于北京市一绿隔对热岛的调节作用研究，能够起到改善空气质量、改善热岛效应的大规模绿地其影响作用范围在边缘外延伸500～1000m（孙喆，2019）；②片状森林消减颗粒物浓度的有效半径为3km左右（邵永昌，2015）；③万平方公里级以上的连续森林对风沙抵御有显著效果（表3-4），通过连续森林的识别发现其连接阈值在几千米至十几千米（崔晓，2018）；④海河流域水资源的面源污染带宽度在几公里至十几公里，为了防止相关污染，防护绿地也应具有相应尺度（孔佩儒，2018）。

根据上述成果，研究确定待测试城市—区域尺度绿色基础设施连接阈值范围在1～15km。

2017年我国不同地区森林规模与风沙天气相关情况　　表3-4

亚区	只与前一年显著相关		只与当年显著相关		与前一年、当年都显著相关		与前一年、当年都不显著相关	
	面积（km）	占比（%）	面积（km）	占比（%）	面积（km）	占比（%）	面积（km）	占比（%）
典型草原东区	15587	9.51	72215	18.24	7330	5.33	449	5.33
大兴安岭南部区	11561	7.05	18137	4.58	13146	9.56	326	9.56
科尔沁沙地	16114	9.83	8526	2.15	13286	9.66	277	9.66
典型草原中区	1944	1.19	57743	14.58	5793	4.21	122	4.21
浑善达克沙地	5357	3.27	63873	16.13	463	2.95	419	2.95
燕山丘陵山地水源区	24756	15.1	26121	6.6	28336	20.61	907	20.61
农牧交错带区	6353	3.87	62587	15.81	4635	3.37	541	3.37
典型草原西区	28244	17.23	16437	4.15	13318	9.68	249	9.68
黄河灌溉区	10497	6.4	1134	0.29	529	3.66	75	3.66
晋北山地丘陵区	11817	7.21	17836	4.5	7633	5.55	333	5.55
鄂尔多斯高原	31721	19.35	51355	12.97	34951	25.42	899	25.42
全区	163951	100	395964	100	137520	100	4597	100

资料来源：根据崔晓，2018整理

2. 测试过程：8个特大城市地区连接阈值与连接性结果对应曲线构建

通过将待测试8个特大城市地区的30m卫星图像转化为植被覆盖10%以上的森林斑块数据，并依次测试1km、2km、……、15km连接阈值下不同斑块间连接数（NL）、连续斑块数量（NC）、景观巧合概率（LCP）、整体连接度（IIC），得到以下四类参数—连接度曲线（图3-8～图3-11）。

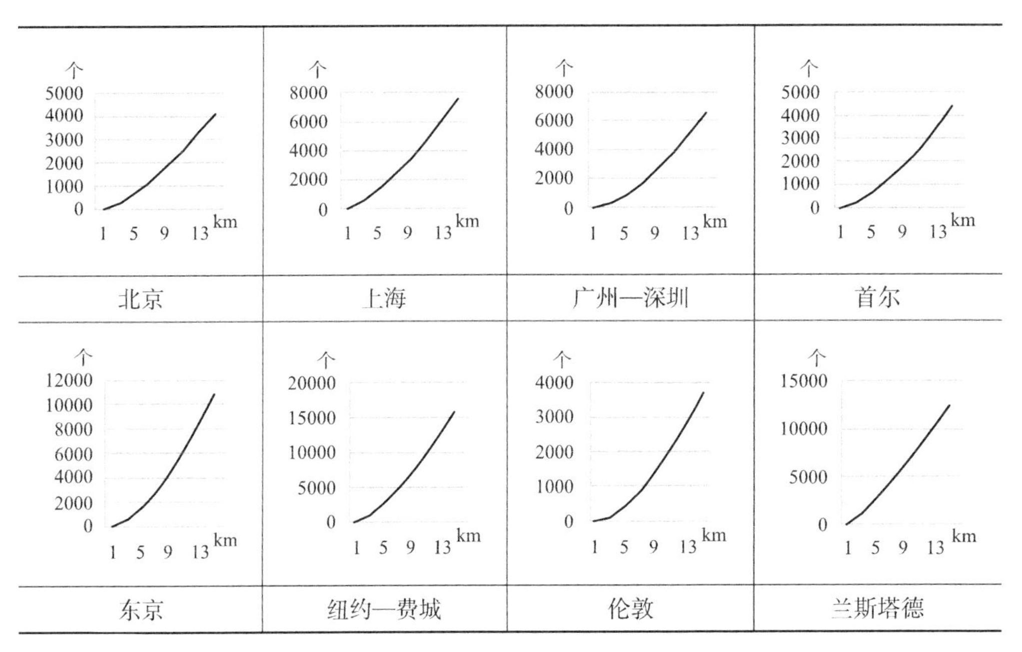

注：横坐标表示连接阈值，纵坐标表示斑块连接数

图3-8　斑块连接数与不同连接阈值关系曲线

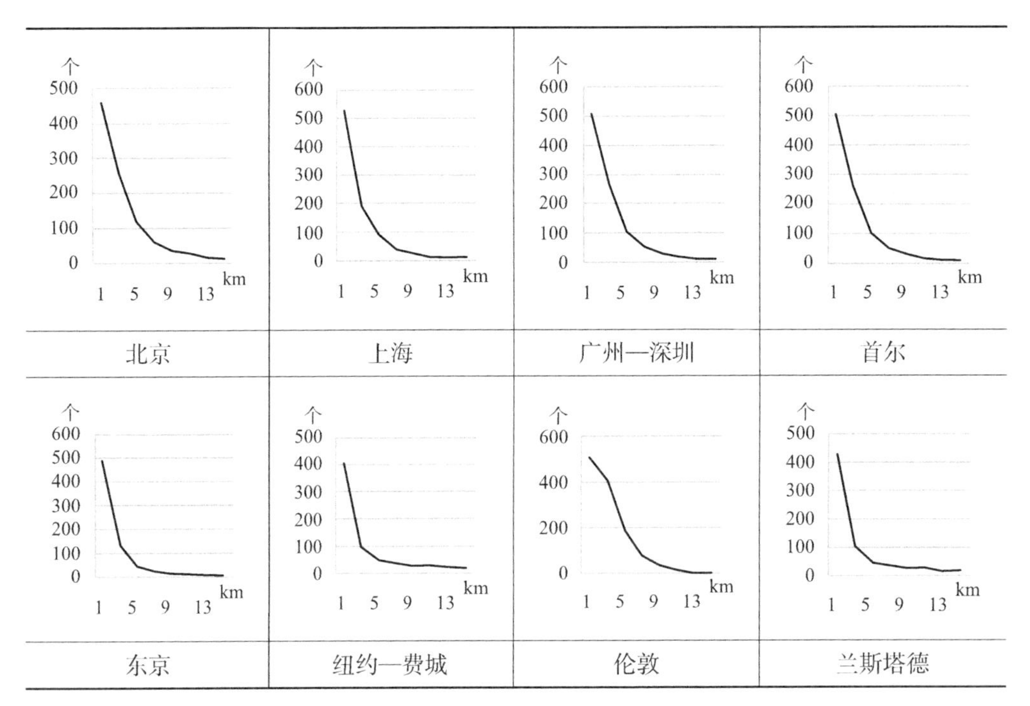

注：横坐标表示连接阈值，纵坐标表示连续斑块数

图3-9　连续斑块数与不同连接阈值关系曲线

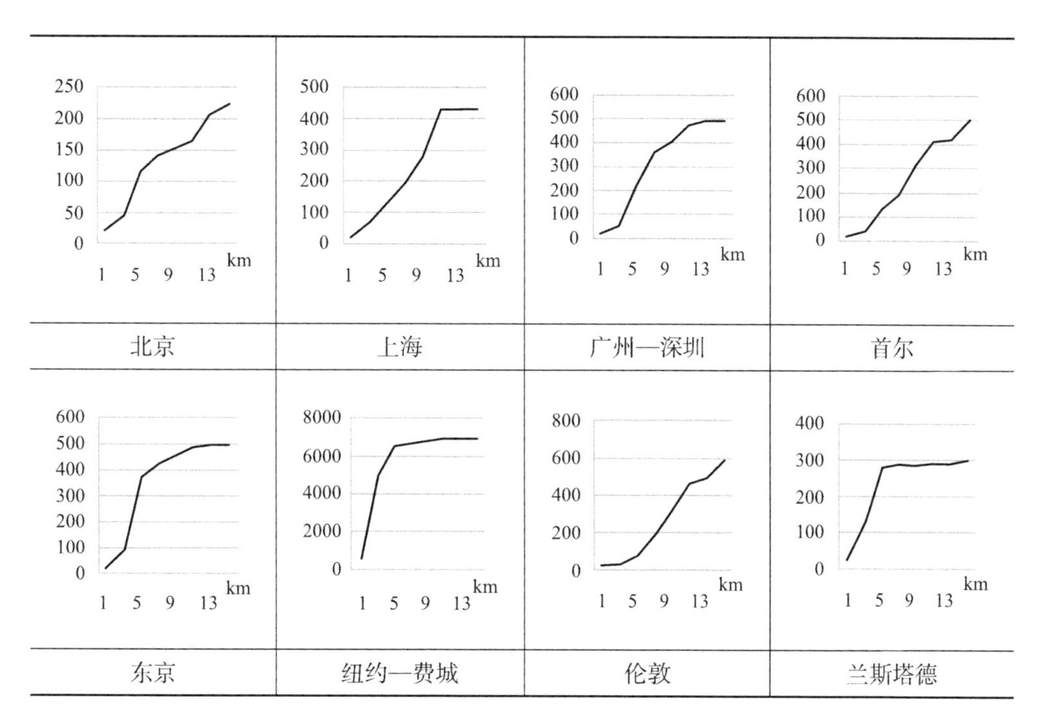

注：横坐标表示连接阈值，纵坐标表示景观巧合概率

图3-10　景观巧合概率与不同连接阈值关系曲线

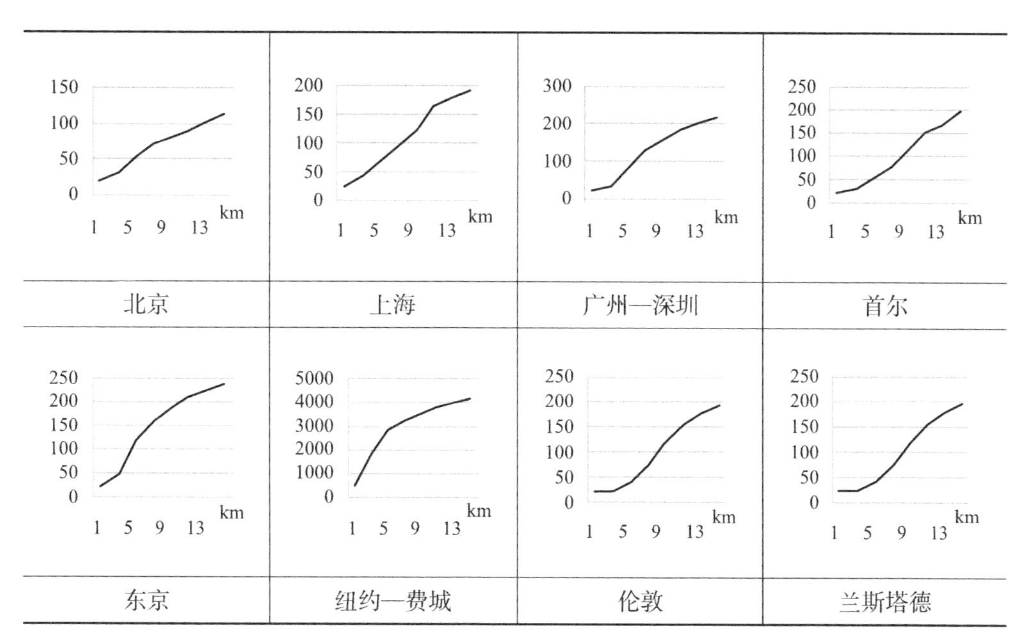

注：横坐标表示连接阈值，纵坐标表示斑块整体连接度

图3-11　斑块整体连接度与不同连接阈值关系曲线

通过对参数—连接度曲线的进一步观察，发现各类曲线在随横轴参数变化的过程中最终都走向饱和与稳定，即当连接阈值参数取得过大时，所有的斑块连成一个整体，此

时得出的连接度结果不具有现实意义。因此，研究需要寻找在连接度计算尚未饱和的区间内的斜率突变点，以及在突变点附近斜率保持稳定的区间。因为正如前文所述，斜率平稳意味着模型的稳健，参数的变化取值不会显著影响输入X（待测地区的绿色基础设施斑块数据）与输出Y（待测地区绿色基础设施的连接度）之间的函数关系。该区间即为当前尺度下合适的参数取值范围区间。并通过四类曲线之间的校核，进一步精确并缩小斜率稳定区间的范围。

3．测试结果

经不同类型曲线、不同特大城市地区之间的斜率稳定区间校核，研究发现在8个特大城市地区中，6～7km的连接阈值取值区间范围的连接度曲线斜率变化最小（表3-5）。因此研究最终确定200km×200km窗格尺度下适宜的连接阈值参数为6～7km，本研究后续计算中取6500m。

8 个特大城市地区连接性合理阈值区间及本研究确定的适宜城市—区域尺度连接性阈值范围　表 3-5

<table>
<tr><th>城市</th><th>指标名称</th><th>阈值合理区间（km）</th><th>初次综合阈值区间（km）</th><th>城市</th><th>指标名称</th><th>阈值合理区间（km）</th><th>初次综合阈值区间（km）</th><th>适宜阈值（km）</th></tr>
<tr><td rowspan="4">北京</td><td>NL</td><td>5~13</td><td rowspan="4">6~9</td><td rowspan="4">东京</td><td>NL</td><td>4~10</td><td rowspan="4">6~9</td><td rowspan="16">6~7</td></tr>
<tr><td>NC</td><td>5~9</td><td>NC</td><td>4~9</td></tr>
<tr><td>LCP</td><td>6~13</td><td>LCP</td><td>5~10</td></tr>
<tr><td>IIC</td><td>6~11</td><td>IIC</td><td>6~12</td></tr>
<tr><td rowspan="4">上海</td><td>NL</td><td>4~12</td><td rowspan="4">5~9</td><td rowspan="4">纽约—费城</td><td>NL</td><td>6~10</td><td rowspan="4">6~8</td></tr>
<tr><td>NC</td><td>5~10</td><td>NC</td><td>4~12</td></tr>
<tr><td>LCP</td><td>4~9</td><td>LCP</td><td>5~8</td></tr>
<tr><td>IIC</td><td>5~12</td><td>IIC</td><td>6~12</td></tr>
<tr><td rowspan="4">广州—深圳</td><td>NL</td><td>4~13</td><td rowspan="4">6~7</td><td rowspan="4">伦敦</td><td>NL</td><td>4~13</td><td rowspan="4">6~10</td></tr>
<tr><td>NC</td><td>6~10</td><td>NC</td><td>4~10</td></tr>
<tr><td>LCP</td><td>7~13</td><td>LCP</td><td>6~13</td></tr>
<tr><td>IIC</td><td>7~13</td><td>IIC</td><td>6~13</td></tr>
<tr><td rowspan="4">首尔</td><td>NL</td><td>4~10</td><td rowspan="4">5~9</td><td rowspan="4">兰斯塔德</td><td>NL</td><td>6~12</td><td rowspan="4">6~8</td></tr>
<tr><td>NC</td><td>5~10</td><td>NC</td><td>4~12</td></tr>
<tr><td>LCP</td><td>5~9</td><td>LCP</td><td>4~8</td></tr>
<tr><td>IIC</td><td>5~12</td><td>IIC</td><td>6~12</td></tr>
</table>

3.4.6 缓冲区宽度测试

1．待测试范围框定：灰色基础设施两侧绿带发挥生态效益有效规模梳理

通过对相关文献的梳理可以得出，区域性绿道、流域性雨洪设施发挥提升安全韧性、净化空气、阻隔噪声等多元功能的有效规模如下。①道路防护林消减颗粒物浓度的最小有效宽度为15～18m，阻滞$PM_{2.5}$化学组分有效宽度为18～23m（刘倩玮，2015）。②河岸植被宽度大于18m时，能截获超过80%从农田流失的土壤；当河岸带宽度达到23m时，可以控制河岸底部的沉积物，当河岸带宽度达到30m时，能够控制养分和水土流失（Gilliam，1996）。③绿色河流廊道宽度大于30m时，能有效去除污染物；水体中的有机物经过30～40m的林带后减少1/2以上（Peter，1984）。④小型哺乳动物的迁徙通道适宜宽度为12～200m（Marson，2007）。⑤宽度为400m左右的廊道可以明显增加鸟类丰富度（王芳，2019）。⑥依托河流、道路的带状公园宽度一般在300～1000m（杨云峰，2019）。

因此，研究设定待检验的灰色基础设施缓冲区宽度为100～1000m。

2．测试过程：8个特大城市地区缓冲区宽度与功能集成结果对应曲线构建

为了避免由于不同特大城市地区道路密度过高、道路交叉数量差异以及河流主干—分支距离过近导致的缓冲区重叠，而重复计算周边绿地斑块的问题，研究采取在每个固定窗格内采样截取10段位于不同区位的20km长的主要道路、10段20km长的主要河流，设置缓冲区并取平均值，计算相关功能集成度结果。经计算，缓冲区宽度与功能集成度关系曲线如图3-12～图3-15所示。

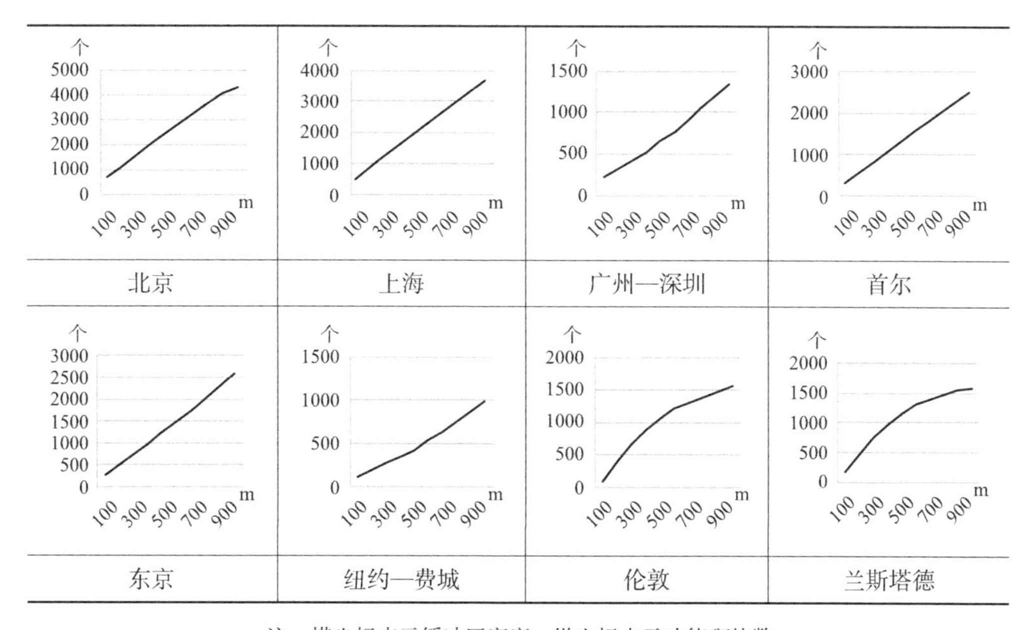

注：横坐标表示缓冲区宽度，纵坐标表示功能斑块数

图3-12　功能斑块数与不同缓冲区宽度参数关系曲线

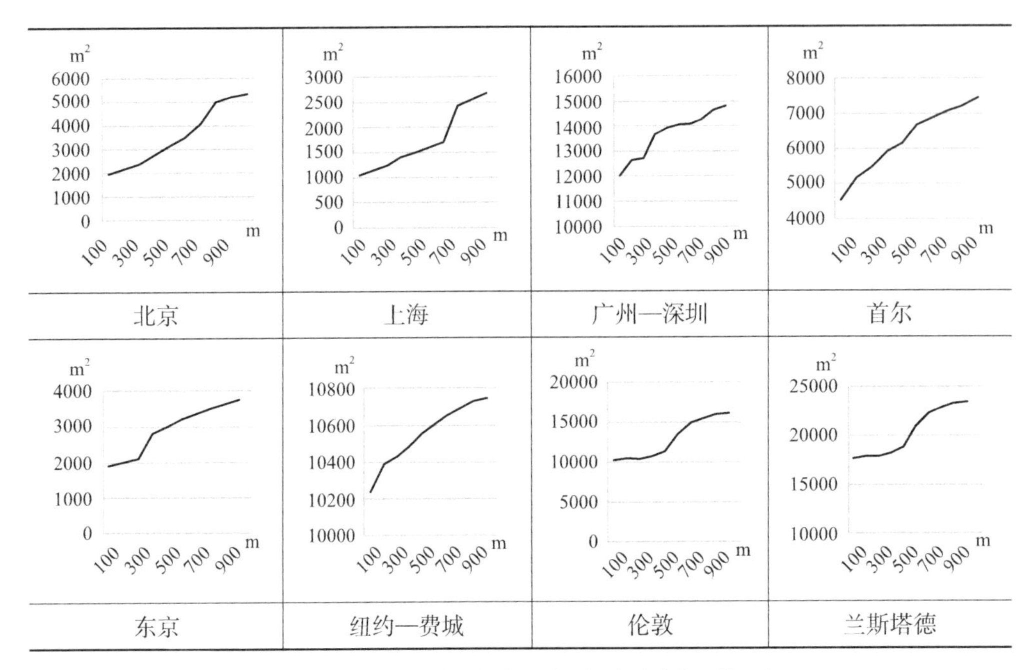

注：横坐标表示缓冲区宽度，纵坐标表示功能斑块面积

图3-13 功能斑块面积与不同缓冲区宽度参数关系曲线

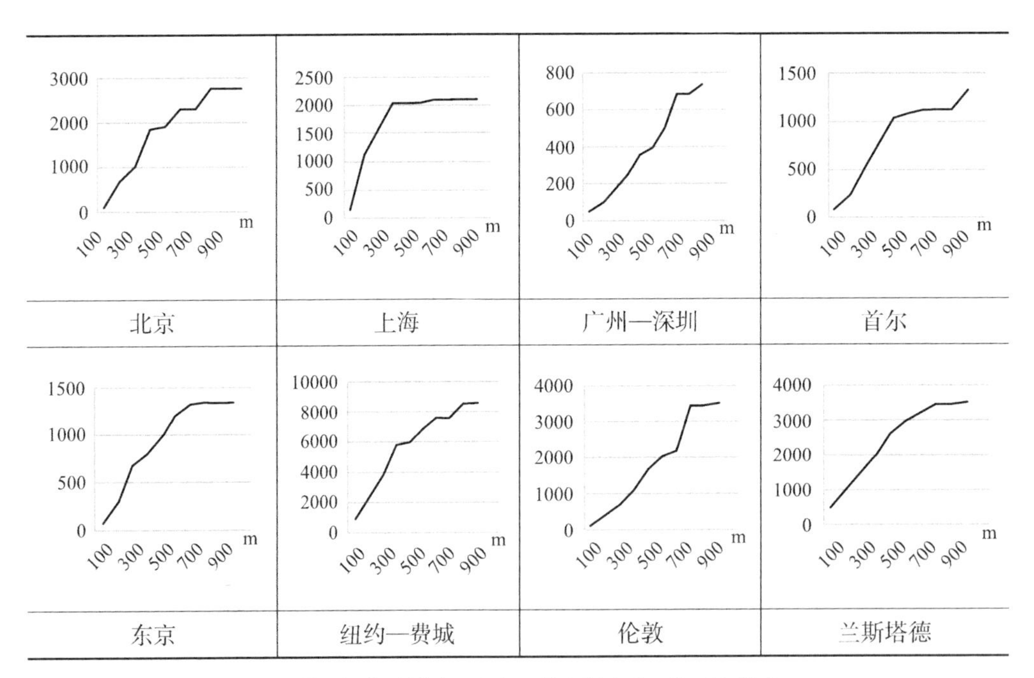

注：横坐标表示缓冲区宽度，纵坐标表示功能巧合概率

图3-14 功能巧合概率与不同缓冲区宽度参数关系曲线

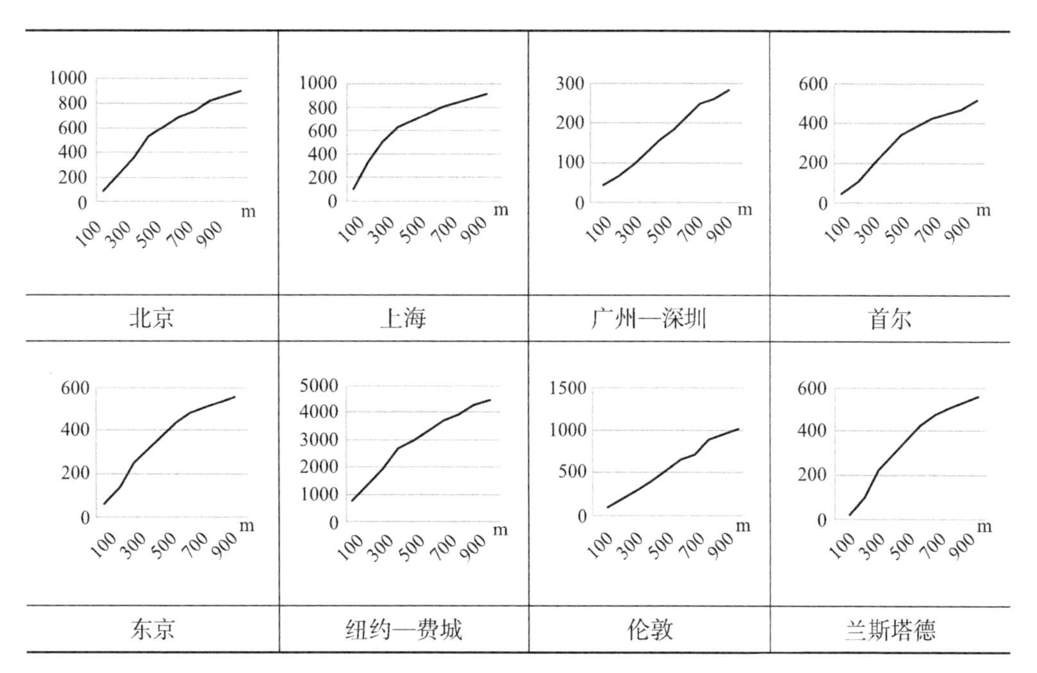

注：横坐标表示缓冲区宽度，纵坐标表示功能斑块连接度

图3-15　功能斑块连接度与不同缓冲区宽度参数关系曲线

3．测试结果

经斜率突变点识别与不同曲线、不同城市参数适宜区间的校核（表3-6），最终本研究确定城市—区域尺度下适宜的道路、河流沿线功能缓冲区分析宽度参数为500～700m，本研究后续计算中取600m。

8个特大城市地区合理缓冲宽度区间及本研究确定适宜城市—区域尺度缓冲区分析宽度范围　　表3-6

城市	指标名称	缓冲区合理区间（100m）	初次综合缓冲区合理范围（100m）	适宜宽度（100m）	城市	指标名称	缓冲区合理区间（100m）	初次综合缓冲区合理范围（100m）	适宜宽度（100m）
北京	NF	3～8	4～8	5～7	东京	NF	3～9	4～8	5～7
	FA	3～8				FA	4～9		
	FCP	4～8				FCP	4～9		
	FIIC	4～8				FIIC	3～8		
上海	NF	3～8	4～7		纽约—费城	NF	3～8	4～8	
	FA	2～7				FA	2～8		
	FCP	4～7				FCP	4～8		
	FIIC	3～8				FIIC	4～8		

续表

城市	指标名称	缓冲区合理区间（100m）	初次综合缓冲区合理范围（100m）	适宜宽度（100m）	城市	指标名称	缓冲区合理区间（100m）	初次综合缓冲区合理范围（100m）	适宜宽度（100m）
广州—深圳	NF	3～9	4～9	5～7	伦敦	NF	3～8	5～7	5～7
	FA	4～9				FA	5～8		
	FCP	4～9				FCP	4～7		
	FIIC	3～9				FIIC	4～8		
首尔	NF	3～9	5～9		兰斯塔德	NF	3～9	5～8	
	FA	3～9				FA	5～8		
	FCP	5～9				FCP	3～8		
	FIIC	4～9				FIIC	4～9		

3.5 参数检验

经由国际案例地区测试得出的城市—区域绿色基础设施连接度与功能集成度模型计算参数理论上具有全球通用的特性，但仍需经过普适性检验，因此本研究对前文得出的模型参数进行传递性检验。所谓传递性检验，是指适用于基准窗口的参数是否也能适用于基准窗口周围的地区，即模型参数是否能够传递到更广阔的空间范围。研究选取的检验范围为京津冀全域。通过将京津冀划分为与固定样窗规模一致的11个窗口（图3-16），运用同样的参数确定方式，以京津冀城市群全域为对象找出合适的连接阈值与缓冲区宽度，并与前文通过国际案例得出的参数进行对比，确定相关参数是否一致或接近。

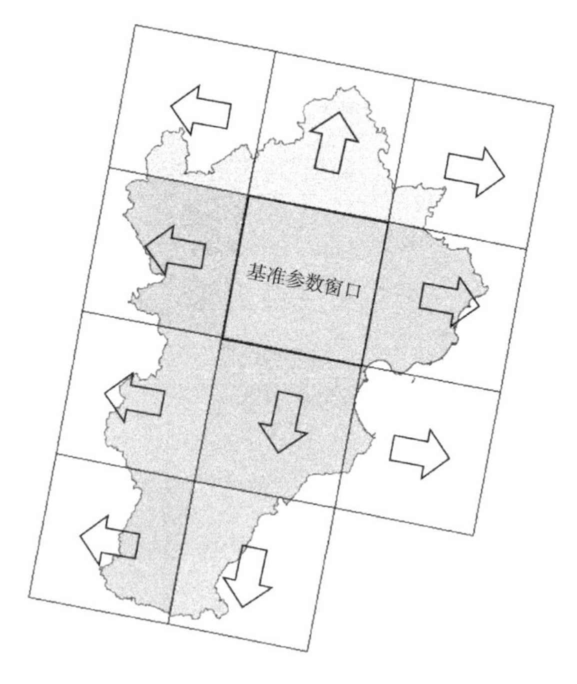

图3-16　参数传递性检验窗口划分情况

经测试，京津冀11个窗口地区平均适宜连接阈值为7000m，平均适宜缓冲区宽度为650m。其结果与经国际案例比较确定的参数误差在10%以内，说明相关参数可以应用于对京津冀地区更大范围的分析。关于11个检验窗口连接阈值与缓冲区宽度测试过程数据、参数—关系曲线详见附录B。

3.6 观察体系建立

在明确了城市—区域尺度绿色基础设施连接度—功能集成度模型的计算过程之后，研究以其为核心指标，建立一系列观察体系。连接度与功能集成度计算的优势在于体现城市—区域整体的绿色基础设施结构与功能网络的整体特征，对内部不同地形、区位、土地利用类型上的绿色基础设施的精细观察难以体现。研究认为，总体的认识与细部的观察对于城市—区域绿色基础设施的认识同样重要。因此，在连接度—功能集成度两个核心整体指标的基础上设定一系列的二级观察要素。二级观察要素的设定主要是针对生态斑块精细化划分耕地草地、疏林、森林结构，对森林、疏林、耕地或草地、裸露地表等斑块的观察与计算，可以更加精细地反映城市—区域绿色基础设施的内部结构与异质性特征。

两个核心指标为整体生态连接度（IIC）与整体功能集成度（FCP）。其计算公式如下。

（1）整体生态连接度

$$\mathrm{IIC}=\left(\sum_{i=1}^{n}\sum_{j=1}^{n}\frac{a_i a_j}{1+\mathrm{nl}_{ij}}\right)/\,A_{\mathrm{L}}^{2}$$

式中，n为生态斑块的数量；a_i和a_j分别为绿地景观斑块i和j的面积；nl_{ij}为斑块i与斑块j间最短路径上的链接数；A_{L}为研究区的总面积。

（2）整体功能集成度（FCP）

$$\mathrm{FCP}=\sum_{i=1}^{\mathrm{KG}}\left(\mathrm{FA}/A_{\mathrm{L}}\right)^{2}$$

式中，FA为功能斑块面积；A_{L}为研究区域的缓冲区总面积，KG为绿色基础设施种类，本研究中特指绿道、雨洪设施两类，即在本研究中区域整体功能集成度（FCP）等于道路沿线功能集成度与河流沿线功能集成度之和，在未来的研究中可以拓展其他绿色基础设施类型。

城市—区域尺度绿色基础设施连接度—功能集成度观察体系内容如表3-7所示。

城市—区域尺度绿色基础设施连接度—功能集成度观察体系　表 3-7

整体性指标	二级观察要素	要素描述
空间连续度	结构连续	不同类型绿地（森林、疏林、耕地与草地）各自在连接阈值范围内的连续性情况
	连接时序变化	不同时间观察节点间植被覆盖比例变化情况
	连接落差	相邻栅格间的植被覆盖比例变化情况
	跨界连续	跨越行政边界地区的不同类型植被情况

续表

整体性指标	二级观察要素	要素描述
功能集成度	灰绿集成	人造地表边界缓冲区范围内绿化融合情况
	河流沿线功能集成度	河流水系缓冲区范围内绿化融合情况
	道路沿线功能集成度	主要道路缓冲区范围内绿化融合情况

3.7 应用场景预设

基于问题与应用导向的原则，上述模型与指标体系的建立是为了应对当前学术研究存在的瓶颈与服务城市群绿色转型的实际应用。因此，研究针对模型适用的尺度，以及当前绿色基础设施研究的热点领域，预设了两个学术应用场景与一个治理应用场景。

两个学术应用场景如下。

（1）国际规律比较：连接度—功能集成度模型应用于探究城市—区域绿色基础设施布局共性规律与趋势。

（2）历史进程分析：连接度—功能集成度模型与历史数据和经典公共品分析框架相结合，为分析框架提供多年绿色基础设施评价数据，探究特定地区跨界绿色基础设施布局演进动力。

一个国土治理应用场景为宏观国土空间生态治理。本书接下来以京津冀地区绿色基础设施为实证观察对象进行研究。

第4章

国际规律探究：特大城市地区绿色基础设施空间演进趋势

4.1 国际比较目的与原则

4.1.1 北京特大城市地区对于京津冀城市群绿色治理的重要意义

京津冀城市群发展的核心动力在于北京特大城市地区（吴唯佳 等，2015）。此外，北京特大城市地区所在的“北京湾”也是京津冀地区景观类型最为丰富的地区，除不含沿海景观外，山地、平原、湿地等多种景观类型在“北京湾”内均有涉及，是京津冀景观多样性的“精华地区”。与此同时，北京特大城市地区是京津冀内部资源环境压力最大的地区，因此也是绿色基础设施政策与资源投入的重点地区。深入了解北京特大城市地区绿色基础设施的发展规律，可以实现以“牵牛鼻子”的方式找到解决京津冀城市群绿色基础设施治理的有效途径。

国际比较的视野有助于深入认识北京特大城市地区，也有利于发现北京特大城市地区在绿色基础设施建设方面存在的短板与不足。本研究延续以参数确定阶段的8个国际案例地区作为研究对象，运用连接度—功能集成度模型对北京与其他7个特大城市地区进行绿色基础设施布局的定量比较。

4.1.2 特大城市地区绿色基础设施国际比较原则

尽管研究制定了较为详尽的城市—区域绿色基础设施空间计量模型与观察体系，但仍需明确在进行实际应用时的比较原则。具体而言，国际比较的原则有以下两点。

1．有效面积可比原则

本研究探讨的绿色基础设施主要为陆上基础设施，因此为避免观察窗格应用于沿海特大城市地区造成窗格内海洋面积过大影响分析结果，研究规定在进行国际比较时只比较窗格内的陆地面积，包含位于陆地范围内的河流水系。然而必须注意到的是，尽管比较对象只包含陆地地区，但陆地地区内部的差异也极大。特大城市地区人居环境的塑造以及绿色基础设施的布局与区域本身的地形地貌、海陆区位、气候类型等自然状况特征有极紧密联系。这种差异是造成不同特大城市地区绿色基础设施布局差异的重要原因之一。也应认识到，在实际研究过程中很难做到完全地控制变量而使不同研究对象具有可比性。

2．横纵向比较结合原则

为了避免孤立、静止地看待国际特大城市地区绿色基础设施的空间特征，研究在进行横向比较的同时也兼顾历史视野，选取每个研究地区2000年与2015年的相关数据进行历时性对比。这样有助于通过横纵向比较的方式总结特大城市地区绿色基础设施发展的规律性趋势。

4.2 连接度观察：跨界绿网走向圈层化、集聚化、扁平化

4.2.1 整体趋势：绿色空间占比逐步上升直至稳定，绿色空间趋向连接，破碎度降低

总体来看，特大城市地区森林、疏林、耕地或草地等绿色空间占比上升，环境绿色化程度提高是特大城市地区的共性特征。尽管在伦敦、纽约、东京等经济低速增长的发达地区人造地表规模相对稳定，但其绿色空间总量上仍保持缓慢增长。北京、上海、深圳等经济相对高速增长地区，人口集聚与城镇化进程并行导致人造地表面积迅速增大，然而人造地表的快速增长并没有阻碍区域内部绿色空间的增加。上述地区均呈现出绿色空间与人造地表同步快速增长的特征（图4-1～图4-3）。通过固定窗格的观察可以发现，在2000年特大城市地区非裸露地表（植被覆盖比例5%以上土地）空间占比在55%～80%，其中上海比例最低，纽约—费城比例最高；到了2015年，特大城市地区非裸露地表的空间占比区间变化为70%～85%，其中北京、上海该比例的上升速度最快。

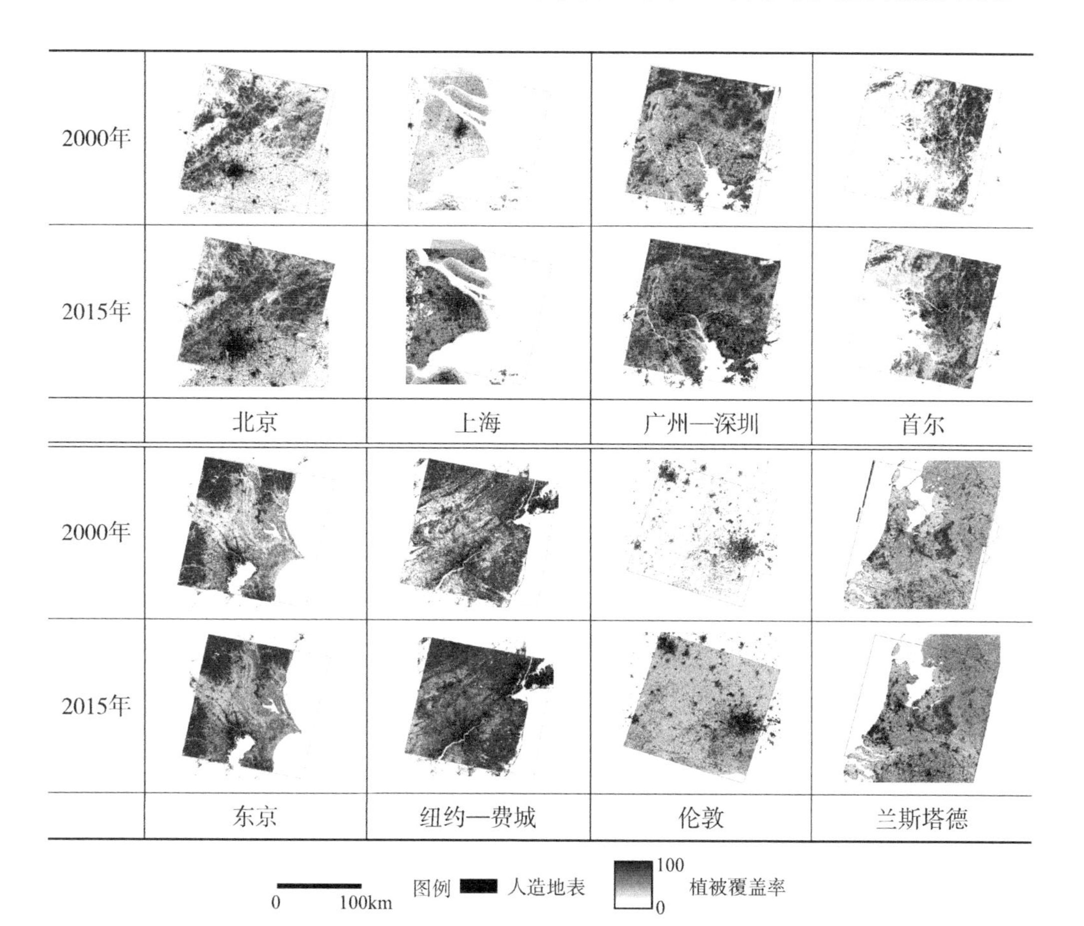

图4-1　8个特大城市地区整体植被覆盖情况

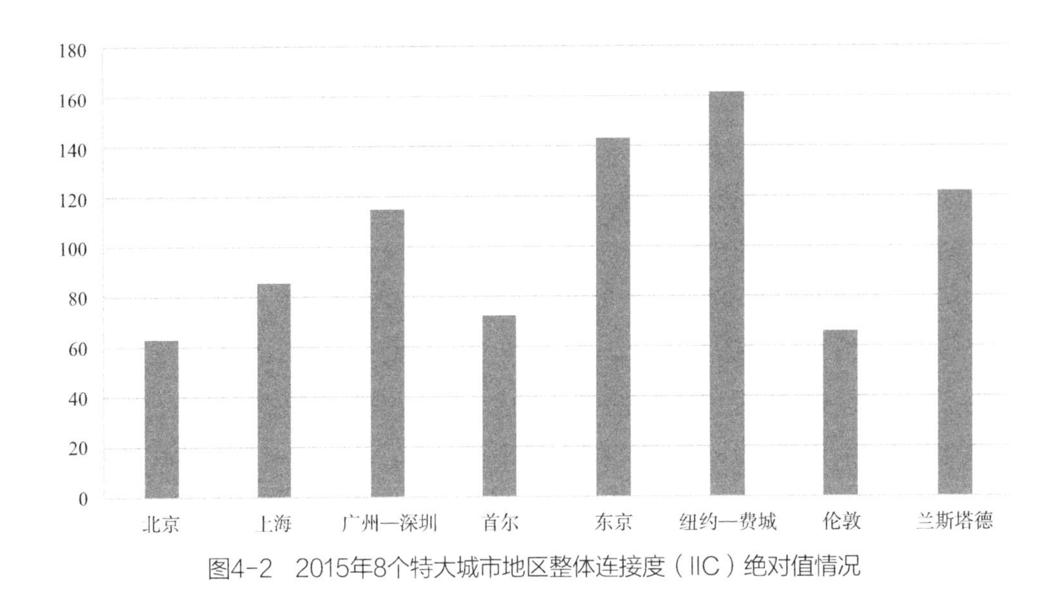

图4-2　2015年8个特大城市地区整体连接度（IIC）绝对值情况

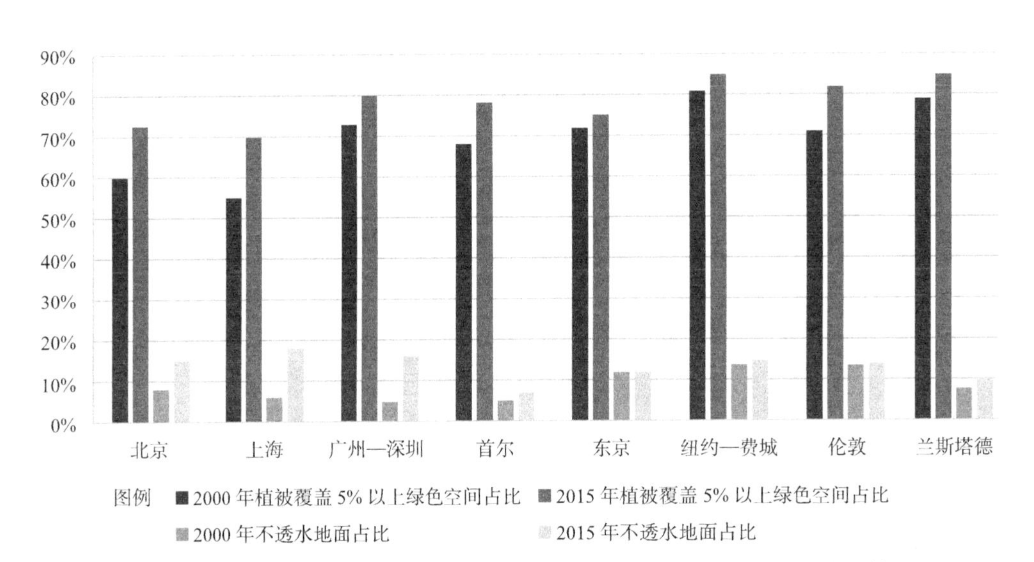

图4-3　8个特大城市地区观察窗格内2000年与2015年绿色空间占比变化情况

从2015年观察窗格内的空间构成状态来看，区域内裸露地表（大多为人造地表）与植被覆盖率5%以上的非裸露地表数量比例稳定在1∶3～1∶5。目前，北京、深圳按照这一比例估算的区域内生态所能承载的人造地表已经饱和，上海的人造地表规模相对超标。

从8个特大城市地区整体连接度的计算情况来看（表4–1、表4–2），纽约—费城地区的连接度最高，东京、兰斯塔德与广州—深圳地区连接度次之，北京、上海、伦敦、首尔地区的连接度属于第三梯队。

2015 年 8 个特大城市地区 6500m 连接阈值下连接度模型计算结果（绝对值）表 4-1

城市	NL	NC	LCP	IIC
北京	1130.40	53.10	126.00	63.00
上海	2061.00	33.30	174.73	85.82
广州—深圳	1466.10	45.90	322.25	115.20
首尔	1069.20	45.00	171.66	72.54
东京	2591.10	19.80	381.86	143.57
纽约—费城	4244.40	31.50	459.00	162.00
伦敦	783.90	72.90	167.32	65.87
兰斯塔德	4097.70	33.30	257.89	122.19

2015 年 8 个特大城市地区 6500m 连接阈值下连接度模型计算结果（相对值）表 4-2

城市	NL	NC	LCP	IIC
北京	0.266	1.686	0.275	0.389
上海	0.486	1.057	0.381	0.530
广州—深圳	0.345	1.457	0.702	0.711
首尔	0.252	1.429	0.374	0.448
东京	0.610	0.629	0.832	0.886
纽约—费城	1.000	1.000	1.000	1.000
伦敦	0.185	2.314	0.365	0.407
兰斯塔德	0.965	1.057	0.562	0.754

注：为了便于比较，研究以整体绿色植被覆盖水平最高的纽约—费城作为标准单位1，其他地区的连接度为其实际连接度与纽约—费城连接度的比值，后续相对值确定方式相同

4.2.2 植被结构：植被覆盖圈层结构明显，以自然森林与人造地表为绿色—灰色两级，疏林、草地、耕地等植被类型穿插其间

受自然地形、人类活动干扰与环境保护共识等因素影响，8个特大城市地区的植被覆盖率发生了显著变化（图4–4），并形成了明显的绿色空间圈层结构——圈层的最内层为人造地表，该地区植被覆盖比例最低，多为裸露地表以及草地或耕地；圈层的最外层为森林，该地区通常远离城市，大多位于山地地区，植被覆盖比例最高；在森林与城市中间，以疏林、草地或耕地的绿地形式穿插其间。

与圈层结构相适应的是各特大城市地区形成的森林、疏林、耕地与草地连续交织网络（表4–3）。通过对不同特大城市地区森林、疏林、耕地与草地斑块的连接度计算可以看出：疏林结构的连接度提升最为显著，成为近些年来打造特大城市地区绿色空间网

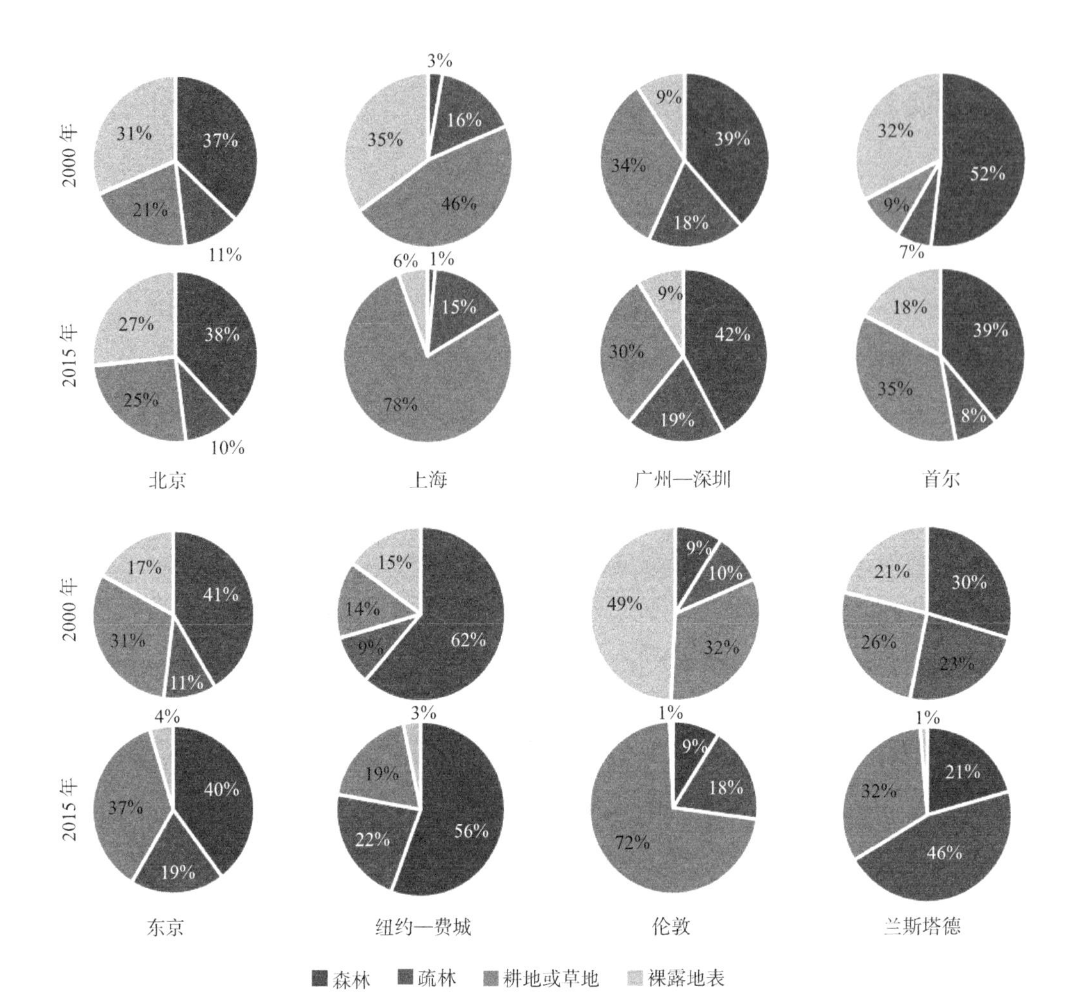

图4-4 案例特大城市地区2000年和2015年森林、疏林、草地与耕地、裸露地表空间占比变化情况

2000 年与 2015 年特大城市地区不同类型绿地连接度变化情况（相对值） 表 4-3

地区	草地连接度		疏林连接度		森林连接度	
	2000年	2015年	2000年	2015年	2000年	2015年
北京	0.400	0.464	0.609	0.826	0.577	1.105
上海	0.480	0.607	1.043	1.522	0.096	0.228
广州—深圳	0.760	0.821	1.391	2.043	0.788	0.860
首尔	0.360	0.500	0.652	0.913	0.615	0.684
东京	0.600	0.607	0.826	1.174	0.731	0.684
纽约—费城	1.000	1.000	1.000	1.000	1.000	1.000
伦敦	0.720	0.714	1.043	1.870	0.231	0.368
兰斯塔德	0.840	0.893	1.522	2.043	0.865	0.895

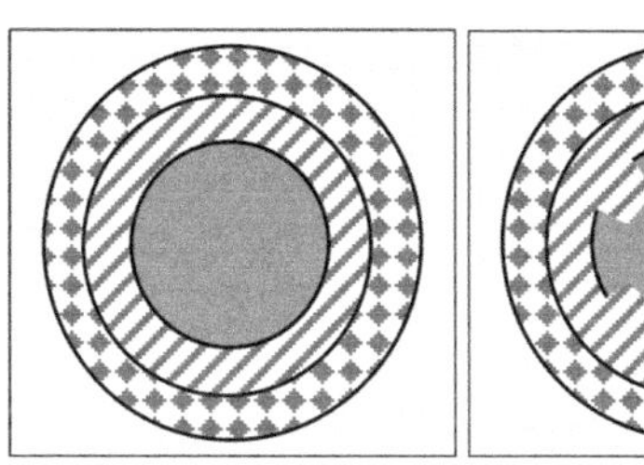

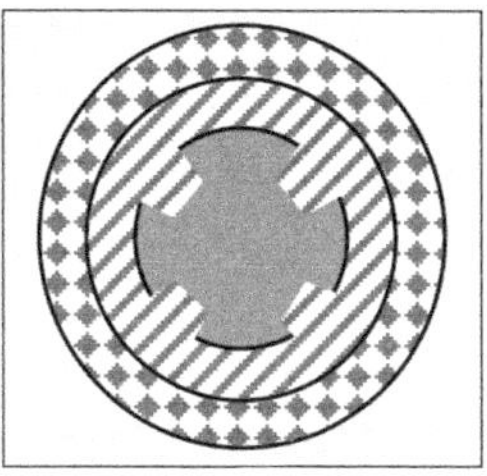

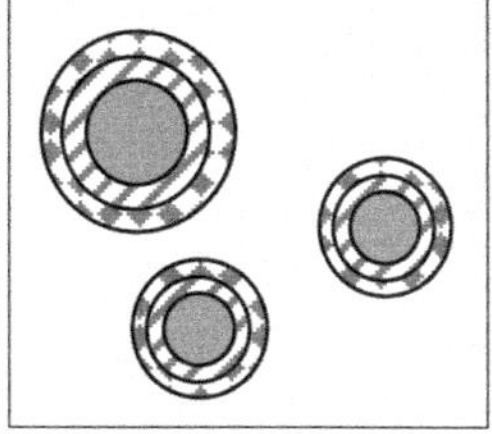

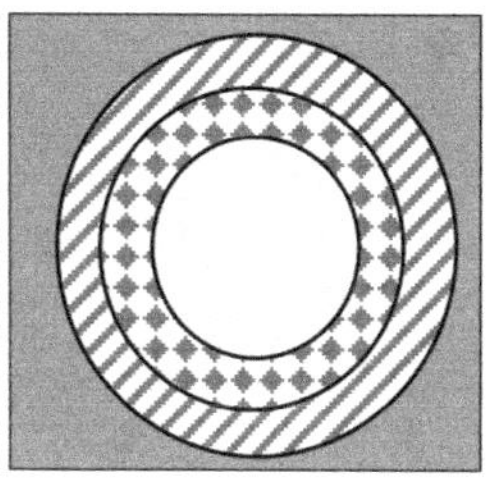

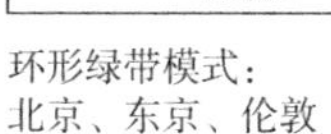

图4-5　不同特大城市地区绿色植被覆盖圈层结构示意

络的重要空间；森林空间由于生长周期长、保护要求高，尽管其生态价值巨大，却难以在短时间内快速提升连续程度。

尽管绿色空间依照植被覆盖比例差异呈现圈层结构分布是特大城市地区存在的普遍规律，但这种规律也受到不同规划模式与自然条件差异的影响。由于绿色基础设施布局形式的不同，形成了以北京、东京、伦敦为代表的环形绿带布局模式，以广州—深圳为代表的绿楔布局模式，以纽约—费城为代表的城市镶嵌于连续森林之中的分散布局模式，以兰斯塔德为代表的绿心布局模式（图4-5）。尽管绿色基础设施的整体空间布局模式不同，但各特大城市地区的区域绿色空间植被覆盖均呈明显的圈层结构——以自然森林与人造地表为绿色—灰色两级，疏林、草地、耕地等植被覆盖类型依次穿插其间。

4.2.3　绿地增减：山地森林外围、大面积郊野公园成为绿地增加的主要区域，零散绿地面临被侵占的危险

在地理信息系统（GIS）中运用栅格计算器对梯度卫星数据的植被覆盖比例进行属性加减，可以直观地看出土地植被覆盖变化情况（图4-6）。将2015年各特大城市地区的植被覆盖比例减去2000年植被覆盖比例，得到2000～2015年8个特大城市地区植被覆盖变化的栅格地图。结合前文对植被覆盖土地类型的定义区间，研究进一步对植被覆盖变化区间进行定义，确定植被覆盖比例下降15%～85%的空间为绿地灭失空间，植被覆盖比例下降5%～15%的空间为绿地退化空间，植被覆盖比例变化在±5%的空间为保持不变空间，植被覆盖比例增长在5%～15%的空间为绿地进化空间，植被覆盖比例增长在15%～85%的空间为绿地增加空间（表4-4）。界定了植被覆盖比例变化的意义后，对8个特大城市地区的绿色增减现象进行了分析。

在北京、广州—深圳、纽约—费城、首尔、东京等拥有山地景观的区域，大面积山地森林周边是主要的绿地增长空间；在上海、伦敦、兰斯塔德等平原区域，城市外围的

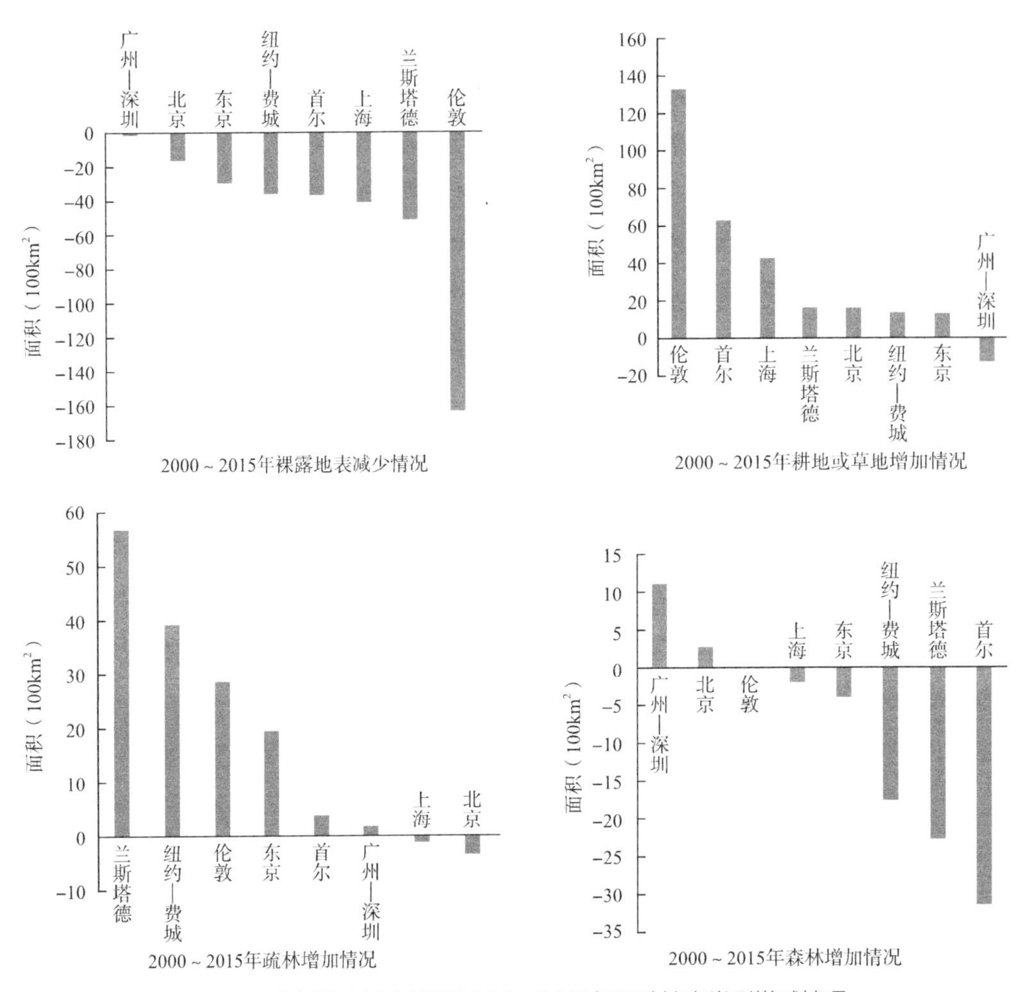

图4-6　案例特大城市地区2000～2015年四种地表类型增减情况

植被覆盖比例增减幅度定义　　表4-4

2000～2015年土地植被覆盖变化区间（2015年值减2000年值）（%）	变化类型定义
-85～-15	绿地灭失
-15～-5	绿地退化
-5～5	保持不变
5～15	绿地进化
15～85	绿地增加

郊野地区成为绿地快速增长空间。绿地灭失现象除了自然状态下的植被退化，主要发生在城市外围地区，体现在小块绿地被人造地表取代，并通常在大块绿地周边进行“补偿”，呈现出绿地空间“聚合”的现象。

4.2.4 植被落差：自然森林与人造地表植被覆盖比例差距逐渐缩小，植被覆盖圈层结构趋向扁平化

随着时间的推移，特大城市地区绿地的发展会从面积的扩张演进到质量的提升。这种绿地质量的提升主要外在表现为植被覆盖比例的上升。由于初始植被覆盖比例的基础不同，相同的生长条件下，通常草地或耕地的植被覆盖比例提升最快、疏林次之、森林最慢，因为植被覆盖比例不会无限制地提升，植被覆盖率增长到一定阶段便保持稳定。上述植被覆盖率差异增长的结果是绿地覆盖程度的均衡化，即随着绿色空间的发展，同一观察窗格内植被覆盖比例最高地区与植被覆盖比例最低地区的植被覆盖比例差值不断缩小，呈现出植被覆盖比例“落差”降低的现象。

通过对8个特大城市地区的观察可以发现，植被覆盖落差降低的现象普遍存在，随着特大城市地区生态环境的改善，高植被覆盖率的绿地最初通常集中在自然森林地区，后来慢慢发展到人工与自然相结合的半自然地区。区域的绿色结构也将从森林—疏林—草地与耕地—裸露地表四级结构逐渐向森林—疏林结构转变。草地、裸露地表等低生态效益的土地逐渐被疏林所取代（图4–7）。

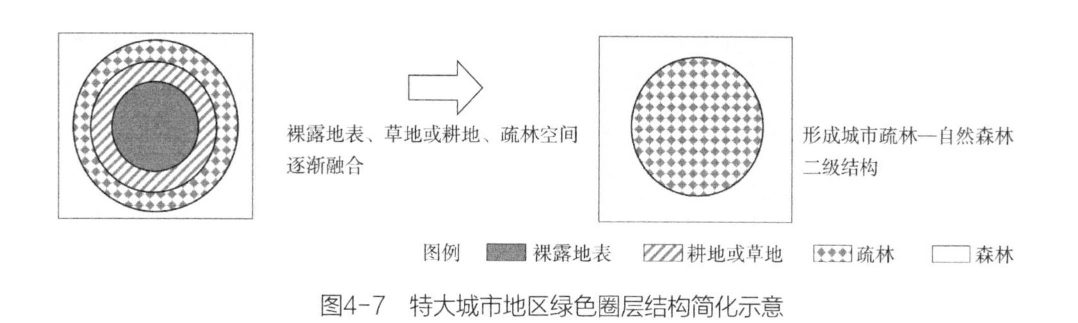

图4–7　特大城市地区绿色圈层结构简化示意

4.2.5 跨界治理：行政边界逐渐从绿色洼地演变到政策重点关注地，超越边界的治理成为趋势

城市—区域尺度绿色基础设施观察的一个重要目的是服务城市—区域的整体绿色治理，因此跨界地区的绿色基础设施发展情况是本研究关注的重点内容。通过对卫星图像与特大城市地区行政边界的叠合分析可知，2000年与2015年相比，其跨界地区的植被覆盖率不断提升。在此基础上，通过对国外特大城市地区绿色基础设施政策的梳理可以发现，绿色基础设施在跨界地区的增长通常是在政府的积极引导下产生的。总结得出，特大城市地区绿色基础设施跨界治理有三种主要途径：①依托河流、绿道、绿心等绿色结构形成物质跨界联系，促使区域绿地均衡发展；②依托立法等制度手段，保障绿地结构

完整，不受行政边界干扰；③出于交通、水环境安全等整体考虑，重视地理单元绿地结构与功能的完整。

其中，兰斯塔德绿心经验为依托河流、绿道等串联城镇与景观，打造多中心城镇与蓝绿网络；伦敦、首尔绿带经验为，依托立法保障绿地完整，不受行政边界干扰，以限制城市蔓延并形成特大城市地区的绿色结构；纽约—费城、东京湾区环境整体策略为强调整体运转支撑，构建涉及交通、水、防灾安全的整体绿地、设施与环境政策。其政策与路径简要梳理如表4–5和表4–6所示。

伦敦、首尔绿带政策特点梳理　　表4–5

项目	伦敦绿带	首尔绿带
设立背景	郊区化； 逆城市化； 特大城市地区成为世界城市经济社会活动的重要载体	城市化高速推进； 人口和经济活动向城市集中； 新城建设
功能设定	限制城市无限扩张； 大伦敦都市区整体空间格局的组成部分； 为市民提供休闲游憩场所	限制城市无限扩张，保护城市周边的绿色空间
绿带规模	1944年划定面积逾2000km²； 20世纪80年代面积逾4000km²	1976年规划面积确定为1567km²； 2000年以后近10%的土地被批准释放为开发用地
控制手段	1947年《城乡规划法》确定绿带的基本控制政策和允许的用地类型，具体实现由地方规划部门操作，绿带内的开发项目很难得到规划许可	2000年《绿带地区法》规定绿带由严格的区划体系控制，大多数开发行为被禁止；后迫于开发压力，政府调整规划，释放部分土地用于开发
实施效果	绿带内的开发管制一直延续至今，范围有所扩大，生态价值、农业生产价值、休闲游憩价值等存在争议	绿带控制本身较严格，但由于城市增长压力未得到有效疏解，政府不得不释放部分土地用于开发

资料来源：根据文萍 等，2015整理

纽约—费城、东京湾区绿色基础设施政策特点梳理　　表4–6

阶段	纽约—费城	东京湾区
基础能力建设阶段	20世纪20～60年代	1950～1973年
	设立区域计划协会（PRA），制定湾区规划，并对生活垃圾与工业固体废物倾倒造成的水污染问题展开调查； 建造污水处理厂； 加强公园及自然资源保护； 颁布《水供应法》	政府把环境管理纳入行政管理范围以解决工业污染问题； 颁布污染治理法律法规，控制水和大气污染排放； 提升污水处理能力，新增污水处理能力230万t/d，管网普及率达48%

续表

阶段	纽约—费城	东京湾区
环境全面治理阶段	20世纪60～90年代	1973～1993年
	完成第二次湾区规划，全面实施城市间合作； 开展交通圈合作，建立都市交通圈管理局，制定并实施都市交通圈政策； 推动区域水环境治理，形成纽约—新泽西港口河口计划（HEP）； 推动国家公园建设	重点治理生活污水，强调源头控制，实施水质总量控制，强化污水处理能力与管网建设； 强化对大气污染企业的惩罚力度，并加大对大气防治污染的投资，引导企业投资环保设备
可持续发展阶段	20世纪90年代至今	1993年至今
	进一步加强交通和水环境领域的合作机制； 加强生态环境管理，创建区域增长管理系统，保护未受污染的自然资源	建设先进的环境基础设施，推行科学的环境政策； 制定产业集群规划与引导政策，推动高度集群的产业发展

资料来源：根据范丹 等，2019整理

4.3 功能集成度观察：低冲击绿网走向灰—绿、蓝—绿、绿—道融合

研究首先基于功能集成度模型计算了8个特大城市地区的功能集成度的功能斑块数、功能斑块面积、功能巧合概率与功能斑块连接指数，具体结果如表4-7所示。可以看出，与其他地区相比，北京特大城市地区绿色基础设施功能集成情况处于中下游水平，优于首尔地区，略低于上海与广州—深圳地区。在此基础上，研究进一步基于观察体系思路，精细化分析8个特大城市地区的灰—绿、蓝—绿、绿—道融合情况。

8个特大城市地区2015年功能集成度（相对值）情况　　表4-7

指标	北京	上海	广州—深圳	首尔	东京	纽约—费城	伦敦	兰斯塔德
功能斑块数	5.273	4.300	1.421	2.951	2.796	1.000	2.266	2.434
功能斑块面积	0.329	0.150	1.321	0.627	0.300	1.000	1.276	1.973
功能巧合概率（FCP）	0.290	0.297	0.350	0.157	0.436	1.000	0.296	0.431
功能斑块连接指数（FIIC）	0.206	0.222	0.271	0.118	0.324	1.000	0.837	0.638

4.3.1 灰—绿融合：人造地表内部植被覆盖水平上升，裸露人造地表不断减少

随着特大城市地区居民对环境品质要求的不断提高，特大城市内部人造地表的绿化水平不断提升，裸露的人造地表面积不断下降。具体而言，2000年北京、上海、首尔地区的人造地表内部裸露地表比例在70%以上，其他特大城市地区人造地表中裸露地表比例在10%~50%。至2015年，所有特大城市地区人造地表的植被覆盖水平均明显上升。其中，城市中心、城市外围郊区地区的人造地表绿化水平上升最快，可能与近年来开展的城市更新与郊区化运动相关。其中，北京地区人造地表中裸露地表比例下降至45%，上海地区下降至30%，首尔地区下降至37%，成为人造地表中裸露地表比例下降最快的地区。

值得注意的是，人造地表中植被覆盖比例在10%~25%的疏林结构是成熟特大城市地区如纽约—费城、伦敦、兰斯塔德最常见的土地类型。其中，伦敦、兰斯塔德地区人造地表范围内疏林面积比例占到了75%以上，纽约—费城地区人造地表范围内不仅有面积占79%的疏林，同时还有约3%的人工森林（植被覆盖比例在25%以上的城市建成区）。特大城市地区人造地表范围内灰—绿元素融合建设趋势明显。

4.3.2 蓝—绿融合：以连续、广覆盖的滨水景观创造多样生态系统与韧性环境

大面积绿地通常与河流水系相伴而生。一方面，河流水系为植被生长提供了灌溉支撑；另一方面，峡谷是重要的集水地区，充足的植被覆盖对雨季滞洪及预防山体滑坡、泥石流等地质灾害具有重要作用，是城市管理者有意布局的提升区域韧性的必要设施。不同于城市内部与郊区滨水地区绿地作为娱乐游憩景观，城市—区域尺度河流水系旁的绿地大多以干流及主要支流附近的绿带、保护区的形式出现，在承担景观职能的基础上，更重要的是承担区域层面的地表水汇集、洪峰排泄、地下水补给、为农业灌溉与城市运转提供水源的作用。因此，保障河道安全对于城市—区域正常运转十分重要，特大城市地区尤甚（Chen，2019）。

基于对8个特大城市地区河流沿线单侧600m（双侧1200m）缓冲区宽度内植被覆盖水平的分析可知（表4-8），绝大多数特大城市地区的河流沿线的植被覆盖水平显著提升，其中北京、上海是河流沿线绿化水平提升最显著的地区。北京河流沿线功能集成度从2000年的0.253提升到2015年的0.301，变化幅度为19.2%；上海河流沿线功能集成度从0.232提升到0.278，提升幅度为19.9%。其他6个特大城市地区15年间的河流沿线功能集成度提升幅度大多在5%左右。

2000年、2015年8个特大城市地区
河流沿线1200m缓冲区内不同类型土地构成情况　表4-8

地区	2000年				2015年			
	裸露地表	耕地/草地	疏林	森林	裸露地表	耕地/草地	疏林	森林
北京	25%	13%	42%	20%	3%	15%	53%	29%
上海	14%	31%	53%	2%	2%	27%	65%	6%
广州—深圳	4%	12%	76%	8%	1%	11%	79%	9%
首尔	8%	31%	45%	16%	6%	20%	53%	21%
东京	2%	19%	74%	5%	2%	17%	76%	5%
纽约—费城	1%	12%	75%	12%	1%	5%	78%	16%
伦敦	4%	29%	62%	5%	2%	12%	81%	5%
兰斯塔德	2%	16%	75%	7%	2%	6%	83%	9%

4.3.3 绿—道融合："绿道"扩张为"绿带"以降低面源污染、实现低冲击开发并限制城市蔓延

通过观察道路沿线单侧600m（双侧1200m）缓冲区内绿带土地植被覆盖比例（表4-9、表4-10），并定量计算道路沿线功能集成度，可以发现近年来特大城市地区道路绿带规模普遍增大，道路沿线成为特大城市地区绿化的重点地区。其中，纽约—费城地区由于高道路密度与高植被覆盖程度，道路功能集成度远超其他地区。此外，通过对道路沿线大规模绿地空间分布的观察发现，高等级道路交叉口地区不仅是区域建设的重点地区，同时也是绿化建设的重点地区，区域公园、大面积郊野公园、森林公园等也通常位于交通条件较好的地区。从另一个角度看，城市建设者为了利用良好的自然景观，也会有意愿建设专门道路供居民前往游览参观。

8个特大城市地区道路沿线1200m缓冲区内不同类型土地构成情况　表4-9

地区	2000年				2015年			
	裸露地表	耕地/草地	疏林	森林	裸露地表	耕地/草地	疏林	森林
北京	56%	22%	14%	8%	19%	46%	23%	12%
上海	69%	18%	12%	1%	24%	43%	32%	1%
广州—深圳	19%	50%	25%	6%	21%	41%	32%	6%
首尔	23%	52%	20%	5%	16%	52%	27%	5%
东京	2%	44%	53%	11%	2%	25%	62%	11%
纽约—费城	1%	20%	61%	18%	1%	12%	66%	21%

续表

地区	2000年				2015年			
	裸露地表	耕地/草地	疏林	森林	裸露地表	耕地/草地	疏林	森林
伦敦	4%	60%	32%	4%	2%	41%	52%	5%
兰斯塔德	3%	38%	53%	6%	3%	29%	61%	7%

8个特大城市平原地区主要道路单侧600m缓冲区内绿化带统计情况　表4-10

地区	2000年			2015年		
	单侧最宽绿化带（m）	平均绿化带宽度（m）	绿化带覆盖比例（%）	单侧最宽绿化带（m）	平均绿化带宽度（m）	绿化带覆盖比例（%）
北京	210	30	8	300	90	14
上海	150	60	13	500	120	29
广州—深圳	500	120	26	500	150	38
首尔	300	30	5	300	30	8
东京	500	150	31	500	180	35
纽约—费城	500	210	76	500	300	83
伦敦	180	60	52	180	90	65
兰斯塔德	500	120	73	500	150	82

注：由于卫星图像精度限制，最小识别精度为30m；平原地区指坡度小于10%的地区

4.4 北京特大城市地区绿色基础设施建设不足

通过国际比较可知，北京特大城市地区绿色基础设施的优势在于森林网络连续性好、高生态价值森林比例高，但也存在以下一些问题。①从人工—生态空间关系来看，人造地表比例过高，区域整体绿化与灰—绿融合程度不高。②从区域绿色空间构成的视角看，尽管山地森林条件优越，但20%左右植被覆盖率的高生态价值、高使用价值的疏林占比较低。③从绿色空间圈层分布的视角看，高质量可达的绿色景观集中在西北山地地区与一绿隔地区，南部平原地区缺乏连续、大规模高质量绿色景观，绿色空间分布极不均衡。④从跨界治理的视角看，存在跨界流域、道路绿化与生态空间断裂和不同步现象，跨界地区绿色基础设施连接性、功能集成性水平有待提升。例如，北京东部地区绿地增长主要在北京界内，廊坊市北三县内绿地增长寥寥。潮白河北京段绿地增长明显，进入北三县界后几乎无新增绿地。

4.5 小结：连接度与功能集成度提升是特大城市地区环境优化显性结果

从时间趋势上看，随着经济的发展，在市场经济土地环境的调整以及公共政策引导下，区域空间不断走向绿色化，并逐渐形成稳定的绿地—人造地表比例结构。其在形态与功能上有以下特征。在空间形态上，绿地趋向于集聚与圈层网络；大面积山地森林、城市周边大型郊野公园是主要的新增绿地，小块绿地则经常被城市建设用地吞并。在功能上，在强化大面积绿地生态涵养功能的基础上，绿地与河流、道路等基础设施结合的趋势明显。其一方面起到降低基础设施开发冲击、降低环境负外部性的作用，另一方面便于为居民提供景观、游憩服务。在治理上，跨界地区是绿地变化最为剧烈的地区。连接度的提升体现在植被结构圈层化、绿色空间集聚化、植被落差逐渐扁平化和跨界连续治理普遍化几个方面；功能集成度的提升体现在人造裸露地表比例下降的灰—绿融合、滨水地区空间蓝—绿融合以及主要道路沿线绿—道融合方面。

因此，根据绿色空间演进的趋势，空间连接度与功能集成度可以作为评判绿色基础设施发展阶段的依据（图4-8），也可以作为反映不均衡、不协调治理问题的指示剂。但指标提升背后的动力原因需要结合历史进一步分析。

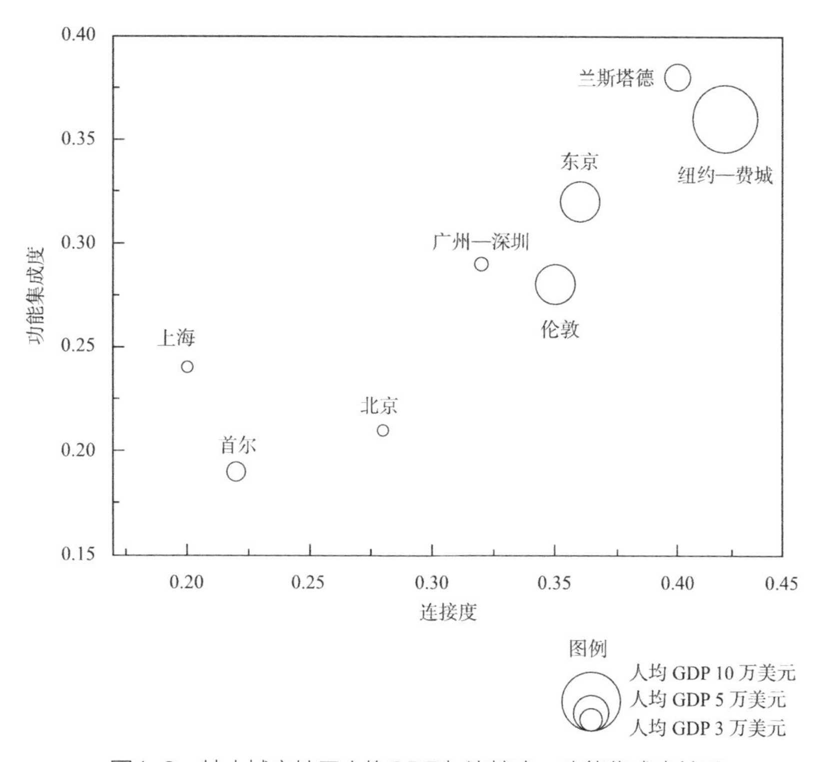

图4-8　特大城市地区人均GDP与连接度、功能集成度关系

第5章

纵向历史分析：京津冀 2000 ~ 2020 年绿色基础设施观察

国际规律探究部分从结果层面展示了城市—区域尺度绿色基础设施的演进规律，但难以解释规律产生背后的原因。相关原因的分析通常需要结合历史背景与政策梳理，并基于一定的理论框架与数据分析综合得出。因此，本章纵向历史分析与第6章京津冀国土空间生态治理的研究目的便是通过对京津冀地区的进一步细致历史观察，结合京津冀地区历史上颁布的绿色环保政策，从公共经济学①的视角探究城市—区域尺度绿色基础设施这一区域公共品的布局演进动力。

5.1 分析思路：精细观察—要素梳理—政策解释

连接度与功能集成度作为一种衡量绿色基础设施的学术标准与空间工具，通常并不是绿色政策的直接目标。因此，在进行分析的过程中，需要总结影响连接度与功能集成度的核心现实因素，即影响连接度、功能集成度的政策目标。总结现实因素的目的是将连接度、功能集成度与现实因素背后的制度政策结合起来。因为制度的颁布或制定通常具有一定的目标指向与问题导向性，上面提及的现实因素通常是问题与政策目标的针对对象。以相关现实因素为媒介与桥梁，可建立起连接度、功能集成度与绿色环保政策之间的关联，从而便于对连接度与功能集成度提升背后的公共经济学原因进行解释。

对绿色基础设施连接度与功能集成度提升的现实影响因素的总结，应建立在对目标案例地区精准、细致的认识的基础上。本章与第6章作为京津冀的实证研究部分，其分析思路包括京津冀绿色基础设施连接度、功能集成度精细观察—连接度、功能集成度提升关键要素梳理—要素政策解释三个环节（图5-1），并在此基础上提出对京津冀地区国土空间生态治理的建议。

精细化分析是指对案例地区分阶段、分区域的精细化观察。具体而言，在时间维度，基于京津冀整体连接度、功能集成度计算结果，根据上述两项指标的变化情况，划分京津冀绿色基础设施发展演进历史阶段，并结合不同时期的历史数据，在城市—区域窗格进行空间观察；在空间维度，基于京津冀地区的地形、景观多样性，以高程为主要划分因素，将京津冀划分为山地地区、平原地区以及山地—平原交界区，在不同地区以城市—区域窗格进行精细化观察（图5-2）。

在关联要素梳理方面，作为衔接连接度、功能集成度与制度政策之间的桥梁，因素的空间直观性、数据可获取性以及与连接度、功能集成度的相关性是本研究重点关注的问题。因此，研究通过逻辑推理的思路，初步提出连接度、功能集成度变化可能与山地

① 公共经济学（economics of the public sector）也被称为政府经济学、公共部门经济学（杨志勇，2018）。

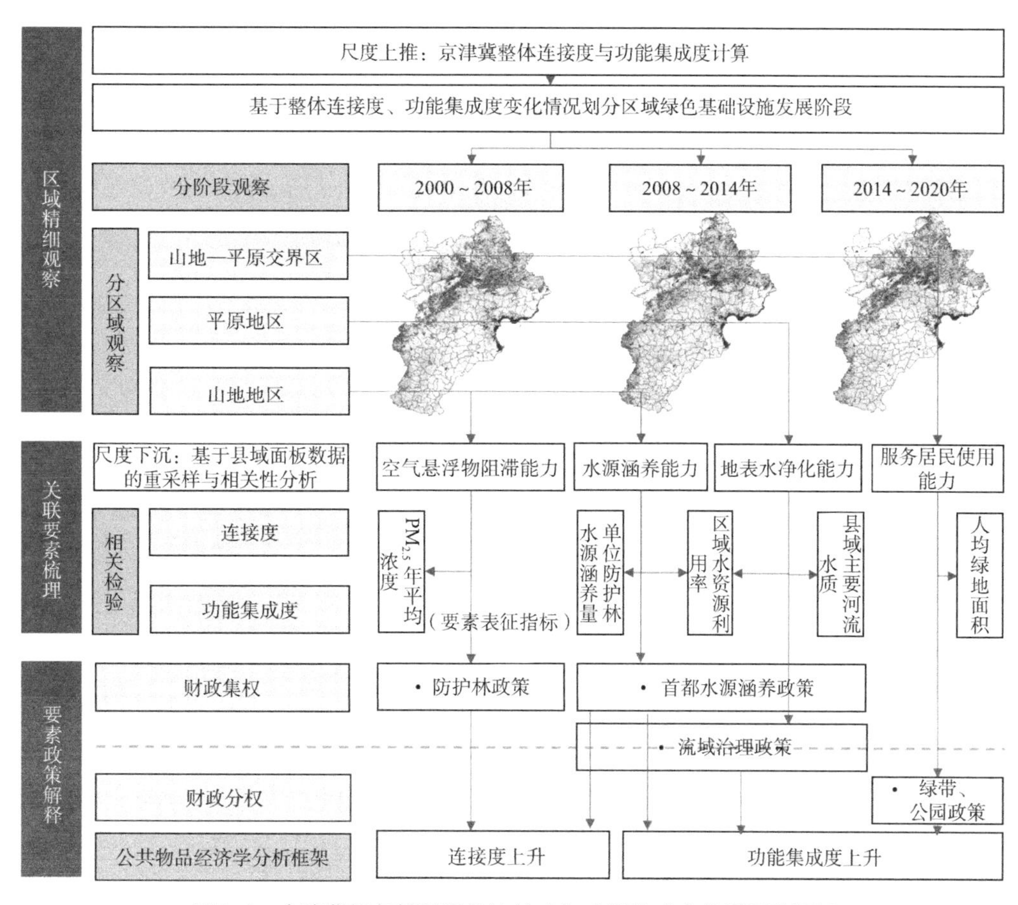

图5-1　京津冀绿色基础设施连接度与功能集成度分析思路框架

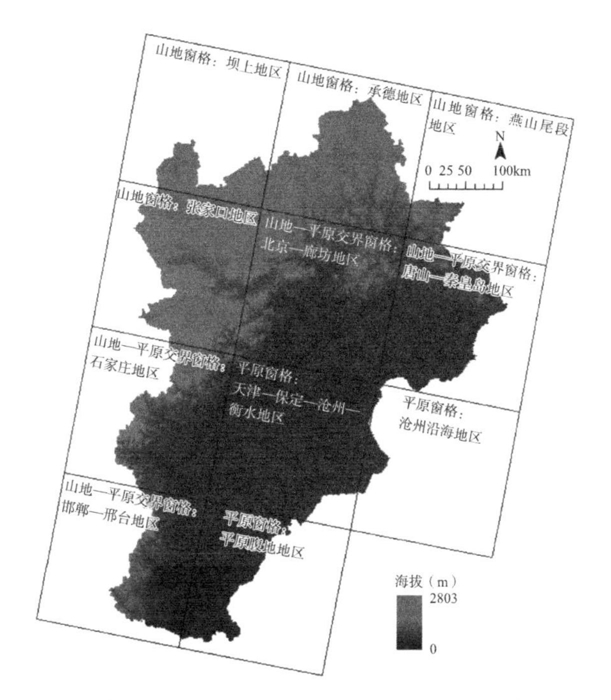

图5-2　京津冀山地、平原、山地—平原交界区窗格划分示意

地区植被规模变化、河流沿线植被覆盖比例变化、道路沿线植被覆盖比例变化等因素相关，并进一步通过指标间的相关分析进行数理检验，验证这种相关假设是否存在。

在要素政策解释方面，源于城市—区域尺度绿色基础设施纯公共品的特性以及规模巨大的空间特征，研究采用公共经济学环境联邦主义的视角进行分析，即观察绿色基础设施投资财政集权—分权的状态对连接度、功能集成度的影响。

5.2 京津冀绿色基础设施发展阶段划分

连接度—功能集成度模型在京津冀地区应用面临的首要技术问题是城市—区域尺度观察窗口在城市群与城市内部尺度之间的数据转化，即城市群—城市区域—县级指标数据的聚合与分解，也即模型数据的尺度“上推与下沉”。

5.2.1 尺度上推：城市—区域尺度指标合并到城市群尺度的加权方法

由于京津冀城市群的规模为21.8万km^2，超出了万平方公里规模的一般理解。为了使城市—区域尺度连接度—功能集成度模型能够在京津冀城市群尺度运用，研究采取将京津冀划分为11个与前文所述规模、形状相同的固定窗格（200km×200km）进行分块运算，然后运用加权的方式将11个窗格计算出的连接度与功能集成度整合为一个整体，确定京津冀城市群整体的绿色基础设施连接度与功能集成度。需要特殊说明的是，由于生态系统的层级性，生态系统功能的发挥在超越一定规模门槛后，其功能有时会发生由量到质的转变。因此，在运用加权计算的方式实现低层级尺度生态指标向高层级生态指标转化时需要非常谨慎。然而，由于本研究观察样窗选择规模适中，4万km^2的观察样窗与21.8万km^2的城市群规模差距为5倍左右，意味着二者在空间规模层次上相差并不悬殊。因此，研究在此假设城市—区域绿色基础设施与城市群尺度绿色基础设施所发挥的生态功能与价值相同，二者并没有因规模的差异而产生生态功能层面上的质的变化，即在加权分析过程中不考虑绿色基础设施规模集聚效益而产生的外部影响。上述假设的验证需要丰富的生态学理论知识与精细的试验设计，本书第7章将对后续的验证进行展望。

每个窗格的权重按照该窗格内植被覆盖率10%以上的森林面积占京津冀城市群规模的比例确定（图5-3），京津冀城市群总体绿色基础设施连接度与功能集成度的计算公式为：

$$\mathrm{IIC}_{京津冀}=\sum_{i=1}^{n} a \cdot \mathrm{IIC}_i$$

式中，a为每个窗格的权重；IIC_i为第i个窗格的整体连接度。功能集成度公式也运用同样的权重法计算。

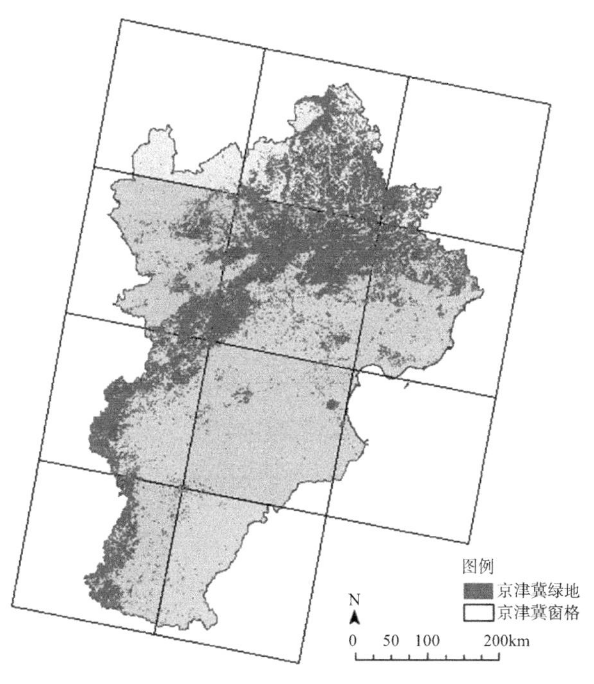

图5-3 将城市群分解到城市—区域尺度——京津冀绿色基础设施观察窗格划分

5.2.2 基于整体连接度、功能集成度计算结果的发展阶段划分

研究根据京津冀地区2000～2020年的卫星图像数据，计算出2000～2020年京津冀地区的整体连接度与功能集成度，并根据计算结果初步划分了京津冀绿色基础设施发展的三个阶段（图5-4）：第一阶段为2000～2008年的连接度、功能集成度快速上升时期，第二阶段为2008～2014年的连接度平稳增长、功能集成度继续快速上升时期，第三阶段为2014～2020年的连接度小幅下降、功能集成度保持平稳时期。

图5-4 2000～2020年京津冀整体连接度与功能集成度计算结果及发展阶段划分

5.3 京津冀绿色基础设施连接度—功能集成度分阶段、分地区观察

5.3.1 山地地区：连接度变化显著，功能集成度变化相对稳定

基于200km×200km的固定观察样窗划分，京津冀的山地地区主要包括坝上地区窗格、承德地区窗格、张家口地区窗格以及燕山尾段地区窗格。相较于平原及山前城镇带地区，山地地区人口密度较低，人造地表及灰色设施工程建设规模较小，大面积山地森林较多。因此，该地区的绿色基础设施更多地表现出提供生态价值的连接属性，与人造地表、灰色设施工程相结合的功能集成属性相对较弱。近年来该地区绿色基础设施空间变化体现出连接度变动较为剧烈、功能集成度变化相对稳定的状态。

1．2000~2008年：连接度快速提升时期

在绿色基础设施整体变化情况方面，通过将2008年植被覆盖比例数据与2000年的数据相减，可以得出8年间山地地区植被覆盖变化情况。整体来看，相较于2000年，京津冀山地地区2008年植被覆盖比例显著提升。4个窗口内植被覆盖10%以上的土地面积从1.58万km^2增加到2.04万km^2，8年间增长了29.1%。其中，以承德和燕山尾段地区绿化水平提升最为显著，承德地区10%以上植被覆盖土地面积从2000年的1.01万km^2上升到2008年的1.2万km^2，燕山尾段地区10%以上植被覆盖土地从2000年的1665km^2上升到2008年的1907km^2。坝上地区受自然条件的限制，植被增长缓慢，植被覆盖水平常年维持在极低水平。

在连接度变化情况方面，基于6500m的连接阈值，对10%以上植被覆盖绿地斑块进行连续性分析，可知山地地区4个斑块平均连接度从2000年的0.263提升到2008年的0.305，8年间上升了15.8%。其中，坝上地区由于植被难以生长，斑块数量很少，连接度几乎无变化，仍然维持在极低状态。承德地区斑块森林面积增长最快，连接度从0.294提升到0.343，连续斑块数量从33处下降至21处。张家口地区万全、怀安山地植被覆盖水平显著提升，形成了带状且相对连续的新增森林分布形态，然而由于绿地格局的空间拓展，造成窗口整体连接度水平上升不高的状态，窗口连接度从2000年的0.254提升至2008年的0.304。燕山尾段地区由于绿化水平显著提高，绿地斑块连接度也有所提升，从2000年的0.343上升到2008年的0.382。

在山地地区功能集成度方面，山地河流沿线的绿地变化情况为承德地区由于山地绿地整体增加，同时河流沿线地区是植被生长条件较好的地区，因此其河流沿线绿色斑块植被变化不显著，导致功能集成度变化不大。张家口地区河流沿线植被水平显著提升，相关主要河流单侧600m（双侧1200m）缓冲区内疏林与森林的比例从2000年的1.5%和3.5%提升到2008年的2.3%和5.1%。燕山尾段与坝上地区没有主要河流经过，故不讨论

其河流沿线绿色基础设施功能集成度情况。

在道路沿线单侧600m植被覆盖水平情况方面，整体上承德、燕山尾段地区山地道路两侧植被覆盖水平较高。2000年在双侧共1200m宽的缓冲区范围内，森林比例占3.5%，疏林比例占8.2%，耕地或草地比例占7.3%，上述比例在2008年为森林比例占3.8%，疏林比例占9.1%，耕地或草地比例占8.5%，在承德地区整体森林建设状况良好的背景下变化幅度不大。2000年张家口地区道路两侧植被覆盖水平较低，除崇礼外大部分地区道路两侧缺乏绿化。2000年在双侧共1200m宽的缓冲区范围内，森林比例占2.6%，疏林比例占4.5%，耕地或草地比例占2.4%，到了2008年情况有所好转，宣化、下花园及张家口市区道路两侧开始出现绿化，在双侧共1200m宽的缓冲区范围内，森林比例占3.2%，疏林比例占6.1%，耕地或草地比例占5.1%。燕山尾段、坝上地区道路沿线绿化状况变化不显著。

2. 2008~2014年：连接度稳定增长时期

整体来看，2008~2014年京津冀地区绿地增长情况相较于2000~2008年趋势放缓。植被覆盖比例显著提升地区（植被覆盖比例提升15%以上）均分布在承德地区、燕山尾段以及张家口蔚县，2014年山地地区植被覆盖10%以上的土地总面积为2.45万km^2，与2008年相比增加了0.41万km^2，涨幅为20%。值得一提的是，在该时期局部山地地区植被覆盖水平出现下降，植被覆盖水平显著下降（降低15%以上）的地区主要分布在张家口东南邻近北京地区，面积近150km^2；此外，植被覆盖水平稳定下降区域（降低5%~15%）主要分布在承德丰宁满族自治县，面积约为80km^2。

在连接度变化情况方面，随着承德地区山地森林规模的进一步增加，承德地区的连接度进一步提升。该区域整体连接度从2008年的0.343提升到2014年的0.367，连续斑块数也从21处下降到15处。张家口地区由于绿地增长相对分散，呈现出连接度小幅度上升的趋势，连续斑块数从40处提升到63处，整体连接度从2008年的0.303上升到2014年的0.352。坝上地区的整体连接度几乎无变化，燕山尾段连接度从2008年的0.382上升到2014年的0.407。

在该时期，承德地区河道沿线绿地仍保持着良好的绿化水平，整体上与2000~2008年相比河道沿线绿色基础设施功能集成度变化不大；张家口地区由于绿化水平的稳定提高，河流沿线的绿化水平显著提升，河流沿线森林面积占比从2008年的3.5%提升到2014年的6.9%。

在道路沿线绿化情况方面，承德地区由于新建道路，道路沿线绿地面积有所增加，其功能集成度上升，绿道功能集成度由0.0552上升为0.0556，但道路两侧整体的绿化水平和绿地结构与2008年相比没有显著变化。张家口地区由于整体绿化水平的上升，道路沿线绿地也有所增加，2014年道路沿线双侧1200m宽的缓冲区范围内，森林比例占

3.6%，疏林比例占9.4%，耕地或草地比例占8.9%。

3．2014~2020年：局部地区连接度下降时期

森林资源不可能无限增长，树木也有自身的生命周期，因此自然状态下的山地森林规模会在达到一定水平后长期处于一种动态平衡的稳定状态。2014年以后京津冀山地森林发展状况没有延续以往迅速增长的势头，在承德中部及南部地区出现分布较广的植被覆盖比例急剧下降现象（植被覆盖比例下降15%以上），承德地区植被覆盖10%以上土地面积从2014年的1.37万km^2下降到2020年的1.03万km^2。这种森林退化现象一直扩展到燕山尾段地区与张家口地区。整体来看，2020年京津冀地区山地植被覆盖10%以上土地面积为1.665万km^2，较2014年减少0.78万km^2。

张家口地区的森林退化现象主要集中在西部地区，由于该地区植被覆盖绝对水平不高，因此植被覆盖水平退化水平大部分在5%~15%。从植被覆盖比例退化地区的分布状况来看，该时期植被退化主要发生在2000~2014年植被覆盖水平增长的地区，说明张家口西部山地地区森林生态系统较为敏感脆弱，相对于其他山区，该地区的植被生长环境更为严苛，由此导致植被覆盖水平在一定时期内出现波动。

在连接度变化情况方面，承德地区与燕山尾段地区森林斑块连续水平存在小幅下降，其连接度分别从2014年的0.367和0.407下降到2020年的0.362和0.401。这说明植被覆盖水平的下降并没有造成森林面积的减小与森林空间结构的破坏。张家口地区的森林斑块连续程度有所下降，从2014年的0.352下降到2020年的0.338，连接度下降的幅度为4.14%，而该地区植被覆盖10%以上的土地从2014年的8459km^2减少到2020年的4186km^2，下降幅度达50%。连接度下降幅度与植被覆盖10%以上的土地减少幅度不一致现象产生的原因主要有两方面：一方面，大面积的森林退化伴随着大量破碎绿地斑块的灭失，在降低区域生态格局连接度的同时也降低了区域生态系统破碎度；另一方面，保留下来的绿地通常位于植被生长条件较好的区域，这些集中分布的绿地斑块在一定程度上支撑了区域整体的斑块连接度。

在功能集成度变化方面，山地地区河流沿线作为植被生长条件良好的地区，在没有人为扰动的情况下植被生长状况通常较为良好与稳定。从2014~2020年承德、张家口地区的河流沿线的绿地变化情况来看，也基本符合这一规律，即承德、张家口地区河流沿线绿色基础设施功能集成度保持稳定，变化幅度不大，承德地区河流功能集成度从0.037变化为0.034，张家口窗格河流功能集成度从0.027变化为0.025。

在道路沿线的绿化情况方面，张家口地区由于与北京联合举办2022年冬奥会，连接北京的高速公路、高速铁路等交通基础设施的建设进展迅速，道路里程有所增加。从建设结果来看，新建道路沿线绿化水平较既有道路水平高。原因主要基于以下两点：一方面，新建道路穿越山地森林，使原本的森林绿地成为道路两侧绿化带结构的一部分；另

一方面，新建道路尤其是崇礼内部及连接崇礼—延庆的服务冬奥会道路在建设过程中注重沿线生态环境的保护，有意识地建设与维护绿带，使张家口地区道路沿线的绿化水平有小幅上升，张家口地区的绿道功能集成度由2014年的0.045上升到0.056。

5.3.2 平原地区：功能集成度变化显著，连接度变化相对稳定

京津冀平原地区主要包含天津—保定—沧州—衡水地区观察窗格（简称津—保—沧—衡地区）、沧州沿海地区观察窗格以及平原腹地地区观察窗格。津—保—沧—衡地区作为平原地区的核心区域，不同于北京—廊坊窗格高人口密度、高植被覆盖水平的情况，该地区不仅建设密度、人口密度高，同时也是京津冀地区绿色植被覆盖率最小的地区之一，是京津冀地区人与自然矛盾相对激烈的地区；沧州沿海地区窗格的主体为沧州市的东部沿海部分，其绿色基础设施内容主要为沿海湿地以及道路沿线绿带；平原腹地地区窗格位于河北省东南部，内部涉及衡水、邢台、邯郸的部分行政范围，但上述三个地级市的市中心均不位于该窗格内，该窗格内部聚落主要为县城、小型城镇与农村，体现出明显的城市外围腹地特征。

不同于山地地区拥有大面积连续森林景观，平原地区绿色空间的特征是自然空间受人造地表切割，大规模连续绿色斑块较少。上述3个窗格2000年平原地区植被覆盖10%以上的土地面积仅为738km^2，与山地地区2000年植被覆盖10%以上的土地面积1.58万km^{2}的规模形成巨大反差。从规模层面看，平原地区植被覆盖10%以上的土地面积仅为山地地区该类土地面积的4.7%，且河流、道路沿线绿带以及小规模绿地景观为绿色空间主要形式。

1．2000～2008年：城市外围植被覆盖水平提高下的功能集成度上升时期

进入21世纪，整体来看，京津冀平原地区的绿色基础设施水平有所提升，尤其以津—保—沧—衡地区提升最为显著，该地区植被覆盖10%以上的土地面积从2000年的602km^{2}提升到2008年的1932km^2，8年内提升到3倍以上。通过进一步观察，植被覆盖比例显著提升的地区大多分布在主要城市外围10～50km范围，其中天津市植被覆盖比例提升土地面积最大，约1/3的植被覆盖比例增长5%～15%的土地位于天津市境内。平原腹地地区植被覆盖水平也有一定程度的提升，植被覆盖10%以上的土地面积从2000年的81km^{2}上升到2008年的207km^2，8年内提升到2.5倍。沧州沿海地区植被覆盖10%以上的土地从2000年的55km^{2}上升到2008年的97km^2，尽管提升幅度不小，但该地区整体植被覆盖水平并不高。

在连接度变化方面，2000年平原地区3个窗格植被覆盖10%以上的土地的整体连接度为0.1127。到了2008年，尽管植被覆盖10%以上的土地面积从2000年的738km^{2}增长到

2236km^2，增幅近200%，但连接度仅增长42%，增幅为42%。即整体来看，京津冀平原地区的绿色基础设施增长主要表现为碎片式的增长，增长主要发生在城市外围以及生长条件良好的地区，但是绿地增长缺乏像山地地区那样的整体性，增长的绿地斑块之间并没有形成连接与网络，难以形成生态联系与规模效应。

在功能集成度变化方面，以道路、河流沿线植被覆盖情况变化为表征。2000年平原地区3个窗格河流沿线1200m宽缓冲区范围内大部分土地为植被覆盖比例小于5%的裸露地表。沿线缓冲区范围内耕地或草地结构占比为3.1%（367km^2），疏林结构占比为1.2%（142km^2），森林结构占比为0.04%（4.7km^2）。其中，天津城区周边地区植被覆盖水平相对于其他平原地区河流沿线地区植被覆盖水平略高。2000年天津市境内河流沿线缓冲区范围的耕地或草地结构占比约为20%，高于保定、沧州、衡水以及广大平原腹地地区。到了2008年，平原地区3个窗格河流沿线缓冲区范围内的绿化水平显著提高，耕地或草地结构占比上升到10.1%，疏林结构占比上升为3.3%，森林结构占比上升为0.8%。3个窗格整体的河流功能集成度从2000年的0.0301提升到2008年的0.0510。其中，以天津海河、大清河流域绿色空间增长最为显著，新增绿地（耕地或草地、疏林、森林）中有48%的绿地集中在大清河与天津海河沿线。

2000年道路沿线绿化现象并不普遍，平原地区主要道路1200m宽缓冲区范围内植被覆盖5%以上的非裸露地表仅占4%，且主要分布在天津主城区周边及京津冀平原东部地区。到了2008年，平原地区道路沿线绿化情况有所改善，平原地区主要道路1200m宽缓冲区范围内植被覆盖5%以上的非裸露地表占比上升到了8.4%，其中耕地或草地增长62km^2，疏林增长20km^2，森林增长8km^2。道路绿化空间分布也趋于均衡。除天津主城区周边道路外，津保通道、京石通道、京沪通道沿线绿化水平提升较为显著。

2．2008~2014年：河流与道路沿线绿化水平提升下的功能集成度上升时期

整体来看，2008~2014年京津冀平原地区绿色基础设施增长规模小于2000~2008年，但区域环境水平仍处于整体向好趋势。2014年3个窗格内植被覆盖10%以上的土地面积为2765km^2，比2008年增长了529km^2。新增的绿地空间主要集中在大清河、子牙河、漳卫新河沿线地区。不同于上一时期主要城市周边是绿色空间增长的主要地区，2008~2014年平原腹地地区的绿地增长势头较为明显，平原腹地地区窗格内植被覆盖10%以上的土地从2008年的207km^{2}上升到903km^2，6年内增长了3.5倍。

在连接度变化方面，尽管平原地区整体绿化水平提升迅速，但绿地面积占平原地区面积比例仍然不高，导致绿色空间密度较低，平原地区绿色基础设施网络整体的破碎状况没有得到根本性改善。津—保—沧—衡地区连接度小幅上升，从2008年的0.201上升到2014年的0.240。平原腹地地区窗格连接度从2008年的0.147上升到2014年的0.196。沧州沿海地区窗格连接度几乎保持不变。

在道路及河流沿线的绿色基础设施功能集成度变化方面，平原地区河流沿线1200m宽缓冲区范围内植被覆盖5%以上非裸露地表面积大幅度增加，耕地或草地增加710km^2，疏林增加177km^2，森林增加10.6km^2。河流功能集成度从2008年的0.0402上升到2014年的0.0487。平原地区道路沿线1200m宽缓冲区范围内在这一时期绿地增加也较为显著。与河流沿线地区绿色空间增长相类似，耕地或草地是绿色空间增长的主要类型，与2008年相比，2014年道路沿线耕地或草地土地面积增加154km^2，疏林增加10km^2，森林增加2km^2。

3．2014~2020年：平原绿网脆弱性下的功能集成度波动时期

整体来看，2014年以后京津冀平原地区的植被覆盖水平出现下降，与2014年相比，平原地区3个窗格内植被覆盖10%以上的土地面积减少了1038km^2。植被覆盖比例退化地区主要出现在津—保—沧—衡地区中部和平原腹地地区窗格的东部地区。据此，研究认为平原地区绿地的植被覆盖水平存在一定的不稳定性与脆弱性，在适宜的自然与政策条件下可以成为绿地快速增长地区，随着相关条件的消失，也可变为绿地率先退化与被侵占的地区。

在绿色基础设施连接度变化方面，由于绿地的局部退化，区域整体连接度略微下降，其中，平原腹地南部地区的连续绿地退化较为显著，沧州沿海地区连接度变化不明显。

在功能集成度变化方面，由于平原地区整体及河流沿线绿色空间的退化，区域整体功能集成度与上一时期相比有所下降。上一时期道路与河流沿线所增加的耕地或草地空间在这一时期有所退化，大部分回归到2008年左右的裸露地表状态，区域整体的河流功能集成度从2014年的0.048下降到2020年的0.045，绿道功能集成度从2014年的0.073下降到2020年的0.068。平原地区的绿色基础设施表现出不稳定性与脆弱性。

5.3.3 山地—平原交界区：连接度、功能集成度相互促进增长地区

山地—平原交界区由于景观多样性造就的得天独厚的生态与建设优势，形成了燕山—太行山山前城镇带。既有山地大面积森林带来良好的生态环境，同时有充足的平坦土地用于人工地表建设，因此历史上依托燕山—太行山与华北平原交界处良好的人居环境形成了高密度人居地区。本研究中山地—平原交界区主要指山前城镇带的范畴，基于固定窗格的划分，主要包括石家庄地区、北京—廊坊地区、邯郸—邢台地区、唐山—秦皇岛地区。

1．2000~2008年：连接度提升作为区域绿色基础设施改善的主要表现时期

山前城镇带的自然环境在2000~2008年提升显著，主要原因是山区自然环境的改

善。与山区相比，平原地区的植被覆盖水平提升无论是在空间规模还是提升幅度上均有所不及。2000年山地—平原交界区植被覆盖10%以上的土地面积为3.25万km^2，到2008年该数值增长到4.27万km^2，8年间增长了31.3%。其中，以北京—廊坊和石家庄地区的山地植被覆盖比例提升最为显著。8年间，北京—廊坊地区植被覆盖10%以上的土地增加4016km^2，石家庄地区植被覆盖10%以上的土地增加2169km^2。此外，邯郸—邢台地区植被覆盖10%以上的土地增加1482km^2，唐山—秦皇岛地区植被覆盖10%以上的土地增加2536km^2。

平原地区尽管植被覆盖整体水平没有山地地区高，但考虑到平原地区需要承载大量的建设活动与农业生产活动，如此背景下平原地区植被覆盖水平的提高更显得难能可贵。平原地区植被覆盖水平的提升主要分布在京津冀中部地区以及石家庄主城区周边。与北京和石家庄相比，城市规模较小的邯郸、邢台、秦皇岛、唐山的主城区周边的绿化增长不是十分显著。可以看出，随着城市规模的增大，城市外围公园绿地的增长成为区域绿化水平提升的重要原因之一，这一规律与国际特大城市地区普遍规律相一致。

在连接度变化方面，北京—廊坊窗格的连接度从2000年的0.294提升到2008年的0.353。进一步结合绿地斑块位置分析可知，长期以来北京西北部有着大面积的连续山地，对这种连续大面积的良好山地景观保护一直是首都地区环境保护工作的重要内容，因此山地植被变化情况对窗格内连接度变化影响不大，引起北京—廊坊窗格连接度变化的主要原因是平原地区，即北京湾内依托首都地区水系新增的绿地地区，这些带状绿地与西北部山区森林相连，一直通向天津沿海地区，形成了“连山通海”的环首都绿色空间格局。然而就2008年北京湾绿地斑块的连续程度看，尽管其连续程度远高于2000年，但北京湾内绿地整体仍较为破碎，仅在某一水系、流域局部形成一定规模的绿地。流域之间、水系上下游之间的绿色斑块连续程度仍不高。

2000年石家庄地区太行山森林在阜平县境内呈非连接状态。到了2008年，贯穿京津冀南北的太行山绿地在阜平境内重新连接起来，石家庄地区连接度从2000年的0.196上升到2008年的0.250。太行山—燕山森林绿屏的重新连接贯通对于燕山—太行山森林整体生态效益和三北防护林阻滞风沙功能的发挥有着重要的现实意义。邯郸—邢台、唐山—秦皇岛的山地森林连续程度均有所提升，邯郸—邢台地区的连接度从2000年的0.245上升到2008年的0.289，唐山—秦皇岛地区的连接度从2000年的0.201上升到2008年的0.260。上述3个窗格的平原地区在该时期均出现了一定规模的平原绿地，但平原绿地组团间的联系目前尚不明显。

在道路、河流沿线绿色基础设施功能集成度变化情况方面。山地—平原交界区4个窗格内河流沿线1200m宽缓冲区范围内的植被覆盖比例均显著上升。2000年，缓冲区内土地类型构成情况为裸露地表占比57%，耕地或草地占比16%，疏林占比23%，森林占比4%，到了2008年，上述比例变化为裸露地表占比42%，耕地或草地占比23%，疏林占比27%，森林占比8%，河流功能集成度从2000年的0.058上升到0.079。道路沿线绿化也有显著进展，2000年大部分道路绿化集中在山地道路，到了2008年，平原道路绿化带覆盖程度显著提高。2000年山地—平原交界区主要道路沿线1200m宽缓冲区内土地类型构成为裸露地表占比72%，耕地或草地占比14%，疏林占比11%，森林占比3%；且道路沿线森林主要分布在北京地区内，其他地区内道路沿线森林较少。到了2008年，道路沿线缓冲区内土地类型构成变为裸露地表占比45%，耕地或草地占比26%，疏林占比19%，森林占比10%，道路功能集成度从0.087上升为0.119。

2．2008~2014年：功能集成度提升作为区域绿色基础设施改善主要表现时期

2008年后北京—廊坊、石家庄、邯郸—邢台地区植被覆盖水平进入局部增长与降低并存的动态平衡状态。北京主城区北部山区、宝坻潮白河国家湿地公园、河北涞源县植被覆盖水平进一步提升；与此同时，北京主城区西部山区、河北涞水县附近的山地森林开始出现一定程度的植被退化现象，但整体来看上述3个窗格内植被覆盖10%以上的土地面积基本维持不变。即连接度保持平稳，平原地区河流、人造地表沿线周边的功能性绿地增加成为区域绿色基础设施改善的主要动力。

北京—廊坊地区窗格内植被覆盖10%以上的土地由2008年的21284km^{2}变化为2014年的21648km^2、石家庄地区窗格从2008年的8425km^{2}变化为8963km^2，邯郸—邢台地区窗格从5174km^{2}变化为5124km^2。仅唐山—秦皇岛地区窗格内植被覆盖10%以上的土地面积出现大幅度增长，从2008年的7842km^{2}上升到2014年的9279km^2，且其中唐山—秦皇岛地区窗格的绿色空间呈现出向深山、沿海地区集聚的趋势。

在连接度变化方面，与2008年相比，2014年石家庄地区窗格内石家庄主城附近、山前地区绿色空间增长迅速，且这些新增斑块相互连接，使石家庄地区的连接度从2008年的0.250上升到2014年的0.299。北京—廊坊窗格由于京津冀中部绿地沿河流水系继续增长，河流沿线绿地“连山通海”趋势进一步明显，京津冀中部的平原绿地连续情况不断向好，使得北京—廊坊地区整体连接度有所上升，从2008年的0.353上升到2014年的0.397。唐山—秦皇岛地区由于大面积山地绿地与沿海湿地的不断增长，使得区域整体连接度显著上升，从2008年的0.260上升到2014年的0.304。邯郸—邢台地区的绿色空间增长与石家庄地区类似，绿色空间主要在中心城市外围和山前地区增加，连接度由2008年的0.289地区上升到2014年的0.348。

山地—平原交界区作为景观多元的优质人居空间，兼具山地地区大面积森林特征与平原地区河流、路网密集沿线绿地多功能的特征。因此，京津冀山前城镇带道路、河流沿线绿色基础设施功能集成度提升的同时，也会提升区域的整体连接度，即连接度与功能集成度的提升在山前城镇带地区实现了统一。2008~2014年，北京—廊坊、石家庄、

邯郸—邢台、唐山—秦皇岛地区由于山地森林植被覆盖水平的提升，山间河流的功能集成度也显著提升，使山地—平原交界区的整体功能集成度由2008年的0.119上升到2014年的0.135。

其中，北京—廊坊地区作为首都地区与北京湾的自然核心，河流沿线、道路两侧绿化水平提高最为显著，北京—廊坊窗格内河流沿线缓冲区范围内裸露地表占比在2014年下降到35%左右，道路沿线缓冲区范围内裸露地表占比下降到30%左右；石家庄、邯郸—邢台、唐山—秦皇岛地区的道路、河流沿线植被覆盖水平也均显著上升，石家庄地区河流沿线裸露地表占比下降4%，道路沿线裸露地表占比下降7%，邯郸—邢台地区河流沿线裸露地表占比下降2%，道路沿线地区由于新建道路裸露地表占比上升5%，唐山—秦皇岛地区河流沿线裸露地表占比下降4%，道路沿线裸露地表占比下降11%。

3．2014～2020年：城市周边绿色基础设施完善成为连接度、功能集成度变化主要原因时期

2014年以后，山地—平原交界区的植被覆盖整体水平有所下降，其中以唐山—秦皇岛地区的植被覆盖水平下降最为显著。唐山—秦皇岛地区植被覆盖10%以上地区面积从2014年的9279km^{2}下降到2020年的7421km^2。植被退化地区主要分布于北部山区和南部沿海。唐山—秦皇岛地区北部山地森林与南部沿海湿地在这一时期的植被退化与同一地区2000～2014年植被覆盖水平的显著上升形成了鲜明的对比，说明唐山—秦皇岛地区的北部山区与南部沿海地区也是生态环境剧烈变化的生态脆弱地区。

北京—廊坊地区北部山区以及东南部湿地存在一定程度的植被轻度退化（植被覆盖比例下降5%～15%），但整体植被覆盖水平与上一时期基本持平，2020年北京—廊坊地区窗格内植被覆盖10%以上的土地面积为21470km^2，略低于2014年的21648km^2。

邯郸—邢台、石家庄地区整体上植被覆盖情况变化不大，处于植被覆盖动态平衡状态。植被覆盖水平轻度退化地区主要位于深山地区，植被覆盖水平提升地区主要分布在主要城市中心城区外围。2014～2020年，在石家庄、邯郸、邢台主城区外围形成了山前城镇带绿色基础设施围绕中心城市“环状增长”的态势。

整体来看，在这一时期紧邻城市空间区域内的植被覆盖水平上升，远离城市与人造地表的地区普遍出现植被覆盖水平下降的情况。即区域绿色基础设施开始围绕城市，尤其是大城市进行布局。

在连接度变化方面，由于植被覆盖水平的轻度下滑，尤其是东南部湿地的植被覆盖水平的退化，北京—廊坊地区连接度有所下降，从2014年的0.3969下降到2020年的0.387。唐山—秦皇岛地区由于北部山区和南部沿海湿地植被覆盖水平的下降，导致部分绿地消失，窗格整体连接度下降明显，从2014年的0.304下降到2020年的0.284。石家庄、邯郸—邢台地区由于城市周边土地植被覆盖水平上升，形成围绕主城区的外围“绿

环”，导致上述两个窗格内的连接度上升，石家庄地区窗格连接度从2014年的0.299上升到2020年的0.304，邯郸—邢台地区窗格连接度从2014年的0.348上升到2020年的0.353。

2014～2020年山地—平原交界区4个窗格内河流沿线1200m宽土地植被覆盖情况变化并不显著，在4个窗格2020年河流功能集成度与2014年基本持平。但由于山地—平原交界区在这一时期道路建设的高速推进，道路沿线绿化水平变化较为剧烈。北京—廊坊地区道路沿线地区绿化水平显著提升，尤其是北部山区道路、北京一绿隔附近道路，以及京石、京津通道沿线道路。北京—廊坊地区道路沿线1200m宽缓冲区范围内土地类型构成变化为裸露地表占比35%，耕地或草地占比29%，疏林占比21%，森林占比15%，其中森林、疏林的构成比例与2014年相比均有显著提升，北京—廊坊地区窗格绿道功能集成度由2014年的0.191上升到2020年的0.227。石家庄、邯郸—邢台地区中心城区外围绿地增加主要分布在主要道路沿线，导致上述两个窗格的绿道功能集成度显著提升，石家庄地区从2014年的0.097上升到2020年的0.105，邯郸—邢台地区从2014年的0.111上升到2020年的0.138。唐山—秦皇岛地区窗格的道路沿线地区植被退化水平较为明显，尽管其中受到新建道路的影响，2020年主要道路沿线1200m宽缓冲区范围内裸露地表占比为47%，相较于2014年的21%有巨大差距，该窗格绿道功能集成度也从2014年的0.142下降到2020年的0.135。

5.4 小结：连接度、功能集成度提升的空间特征本质

通过对不同窗格的连接度、功能集成度的详细观察（表5-1、表5-2），可以发现连接度提升的本质是山地森林规模增加，功能集成度提升本质是河流沿线、人造地表周边绿化水平提升。

（1）大面积绿地对区域整体连接度提升的影响巨大，小规模绿地对连接度提升的正面影响较小，有时甚至会产生负面影响，即小块绿地建设会增加区域的绿色基础设施破碎化程度。因此，山地地区大面积的山地森林是决定京津冀地区连接度水平的决定性因素。燕山—太行山山地规模的增加、山地森林形态的优化是京津冀地区绿色基础设施连接度变化的根本原因。

（2）区域绿地、绿道、流域雨洪设施的功能集成度与河流、道路、城市建成区周边的绿化水平以及绿色空间与灰色空间结合的紧密程度息息相关。因此，河流沿线、人造地表周边的绿化水平提升与绿色基础设施功能集成度的提升联系紧密。平原地区河网密度、道路密度较高，且各级居民点通常分布在平原地区，因此平原地区是功能集成度变化的主要区域。河流沿线、主要城市周边的绿化水平对京津冀整体功能集成度的变化影响巨大。

京津冀地区不同观察窗格 2000 ~ 2020 年连接度变化情况　　表 5-1

观察窗格	2000年	2008年	2014年	2020年
邯郸—邢台地区	0.245	0.289	0.348	0.353
平原腹地地区	0.103	0.147	0.196	0.147
石家庄地区	0.196	0.250	0.299	0.304
津—保—沧—衡地区	0.142	0.201	0.240	0.221
沧州沿海地区	0.093	0.132	0.152	0.137
张家口地区	0.255	0.303	0.352	0.338
北京—廊坊地区	0.294	0.353	0.397	0.387
唐山—秦皇岛地区	0.201	0.260	0.304	0.284
坝上地区	0.162	0.191	0.201	0.196
承德地区	0.294	0.343	0.367	0.362
燕山尾段地区	0.343	0.382	0.407	0.401

京津冀地区不同观察窗格 2000 ~ 2020 年功能集成度变化情况　　表 5-2

观察窗格	2000年	2008年	2014年	2020年
邯郸—邢台地区	0.122	0.180	0.186	0.197
平原腹地地区	0.052	0.110	0.128	0.116
石家庄地区	0.087	0.145	0.162	0.151
津—保—沧—衡地区	0.075	0.128	0.139	0.133
沧州沿海地区	0.035	0.064	0.099	0.093
张家口地区	0.064	0.070	0.073	0.081
北京—廊坊地区	0.203	0.261	0.319	0.325
唐山—秦皇岛地区	0.168	0.209	0.238	0.226
坝上地区	0.023	0.029	0.029	0.029
承德地区	0.075	0.087	0.093	0.087
燕山尾段地区	0.058	0.064	0.064	0.064

注：功能集成度在数值上等于绿道功能集成度与河流功能集成度的加和

第6章

京津冀国土空间生态治理：连接度—功能集成度变化动力机制分析与治理建议

6.1 影响连接度、功能集成度的现实因素

通过对京津冀地区不同窗格内城市—区域绿色基础设施分阶段的细致观察可以发现，山地森林规模、河流沿线绿化水平、人造地表周边绿化水平提升是促进连接度、功能集成度提升的本质。本章将找出与上述“本质”相关的现实因素，并以统计学的方式进行检验。在现实价值层面，梳理山地森林、河流沿线绿地、人造地表周边绿化的生态价值因素，判断这些因素与连接度、功能集成度的关联。

6.1.1 山地连续森林价值：增强区域水源涵养能力与阻滞空气悬浮物传输

大面积连续的山地森林除具有一般森林调节气候、固碳释氧等基础生态效益外，由于其连续的空间形态，同时还会带来额外的生态价值，主要体现在：①连续森林可以提升区域水源涵养能力，由于植被覆盖水平的提高，地表腐殖质层的厚度增加，可以提升净化水质、涵养水源的能力，更重要的是连续的植被覆盖可以创造避免水源二次污染的有效隔离环境，进一步提升区域的水质（王晓学，2013；杨青，2018；王耀，2019）；②高植被覆盖的森林可以形成致密的绿色屏障，能够阻挡风沙与雾霾水平传输（刘海猛等，2019；冯鹏飞，2015）。

通过观察可以发现，相较于平原地区，山地的连接度变化更为显著，且伴随着山地连接度的变化，植被覆盖水平也会发生显著变化。随着植被覆盖水平的提升，山地森林涵养水源、防止风沙侵袭、阻滞雾霾水平传输的能力也会“水涨船高”。通过对京津冀地区水源涵养能力与空气质量（$PM_{2.5}$浓度）情况的历史梳理，研究发现在空间层面，水源涵养能力的提升与良好空气质量的维系和植被森林覆盖水平呈现空间分布的一致性（图6-1、图6-2）。

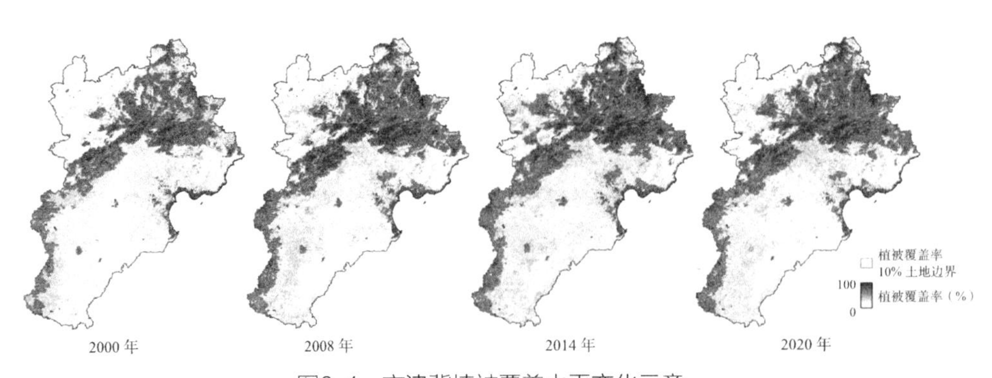

图6-1 京津冀植被覆盖水平变化示意

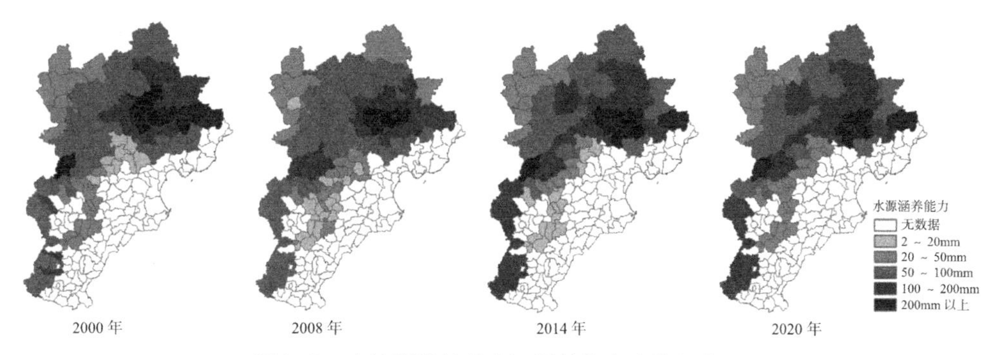

图6-2 京津冀防护林水源涵养能力变化示意

资料来源：2000~2014年数据来源于"王耀，2019"，2020年数据根据该研究方法补充计算得出

6.1.2 河流沿线绿地现实价值：提升河道自净能力

前文已经指出，河岸两侧的绿地可以起到净化水质的作用。小流域治理、生态河道、区域性雨洪设施的建设通常伴随着沿河湿地与生态系统的重建。在沿河湿地与生态系统重建修复过程中，利用植被生长吸收水中的氮、磷等污染物作为合成其自身物质的生物特性，可以起到改善水质、稳固堤岸、提升沿线环境品质与安全韧性的作用（吴睿珊，2014；曾明颖，2021）。即河流沿线绿色基础设施功能集成度的提升有利于改善水污染情况，并进而提升区域可用水资源量。通过将京津冀平原地区功能集成度的变化情况与京津冀不同流域的断面水质，以及不同城市之间的水资源利用效率进行空间比对，研究发现其在空间变化趋势上具有一致性（图6-3~图6-5），当然这种一致性还要经过后续的相关性检验。

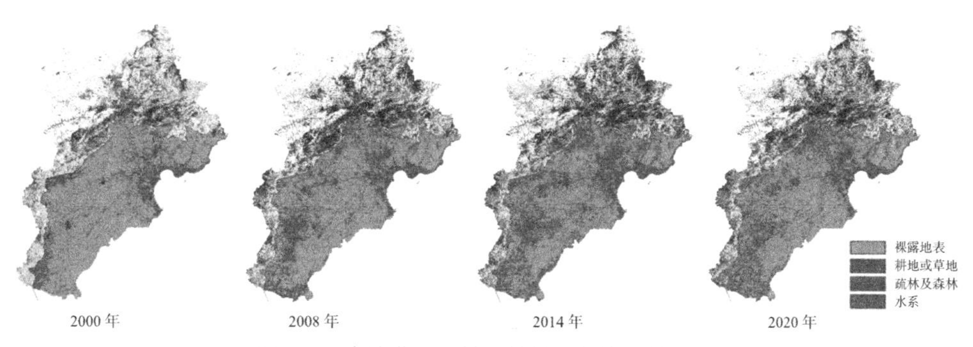

图6-3 京津冀平原地区植被覆盖变化情况

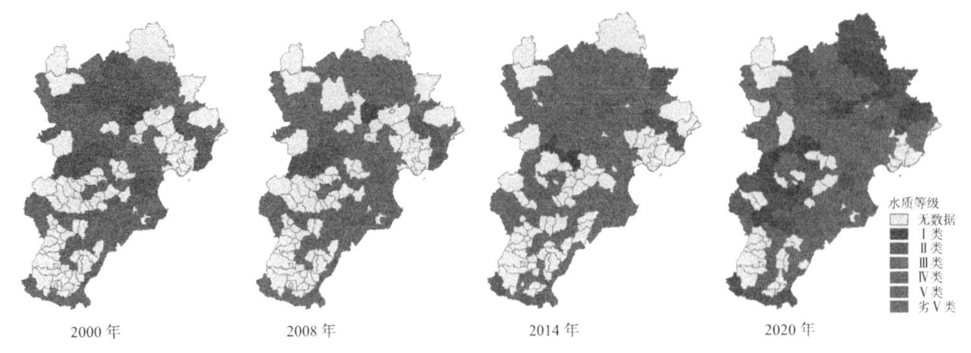

图6-4　京津冀各县主要河流水质情况

资料来源：历年《中国生态环境状况公报》中海河流域水质情况

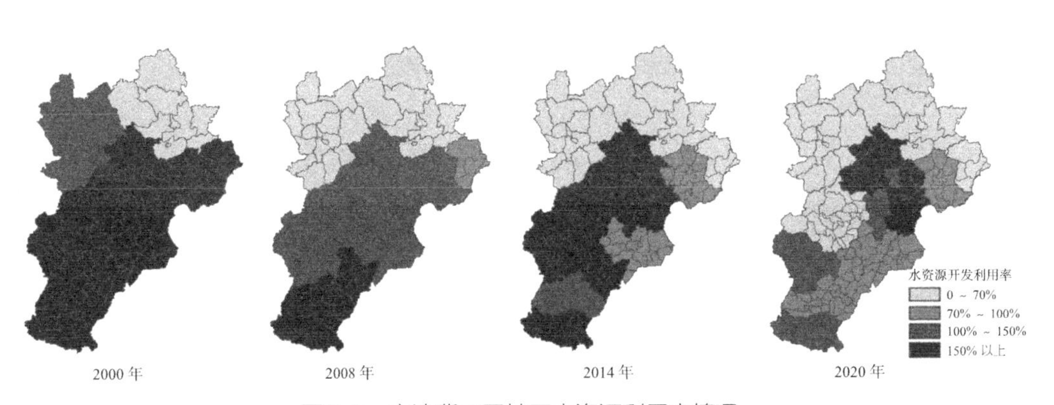

图6-5　京津冀不同地区水资源利用率情况

资料来源：历年《北京市水资源公报》《天津市水资源公报》《河北省水资源公报》

6.1.3　人造地表周边绿地（公园、绿道）现实价值：提升绿色基础设施服务居民使用能力

位于城市周边的郊野公园、大面积绿地是城市—区域范围内绿色空间增长的重要地区。城市外围有相对于城市内部更大规模的营造空间与更优越的自然条件以创造优质的景观，且在高可达性交通的支撑下有条件发展成为高品质的生态服务空间，因此在社会绿色需求的刺激下，城市外围地区绿地的发展有其必然性（魏霖霖，2018）。郊野公园、区域景观道、慢行绿道等绿色基础设施应运而生。此外，这样低建设密度、高植被覆盖密度的人工/半自然空间建设适应城市边缘的地租价格，也符合当前倡导的自然绿色生活方式。例如我国一些城市，城区范围内地价高昂，难以提供足够的公园绿地，因此在城市郊区建设郊野公园以弥补城市居民人均绿地面积不足的问题（李伟，2006）。但同时也有大量学者对这种城市边缘的灰—绿融合开发抱有造成城市蔓延的担忧（张琳琳，2014；王雪，2020）。

研究对京津冀山前城镇带周边的绿色基础设施连接度与功能集成度进行详细观察后发现，城市建成区边界外围、区域性道路沿线与交叉口地区是山前城镇带地区的绿地集中增长点。在邻近城市、可达性强的地方布局区域绿色基础设施，体现了绿色基础设施服务民生的特点。下文运用相关分析方法探讨连接度与功能集成度和城市人均绿地面积的相关关系（图6-6、图6-7）。

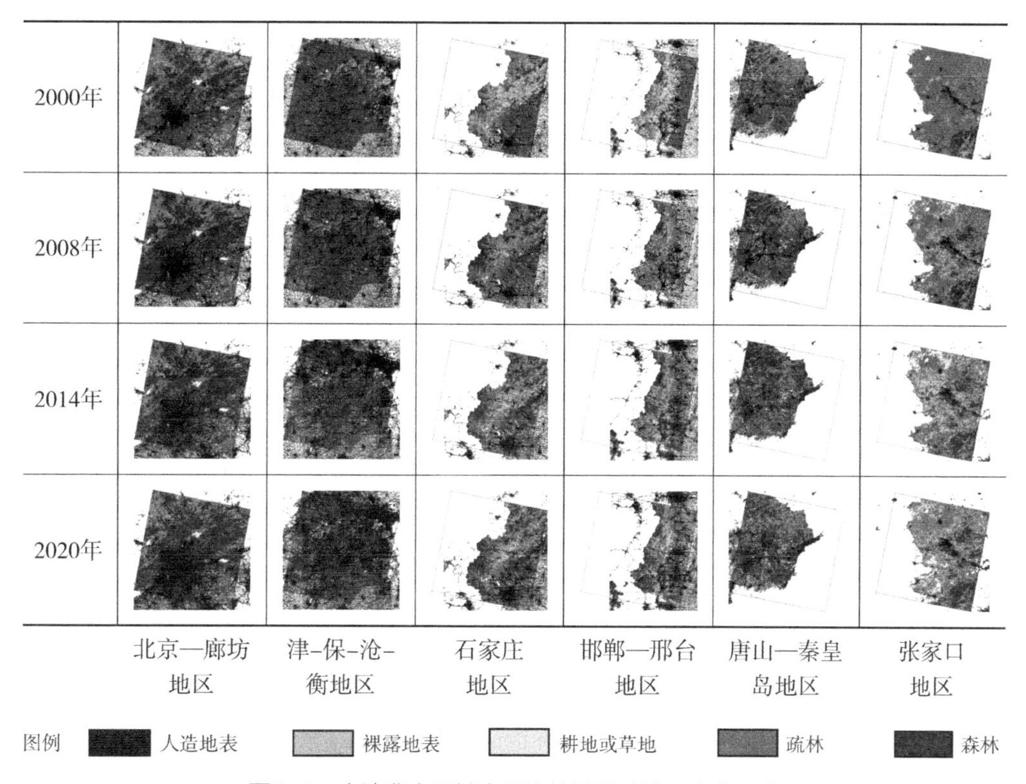

图6-6 京津冀主要城市周边植被覆盖情况变化示意

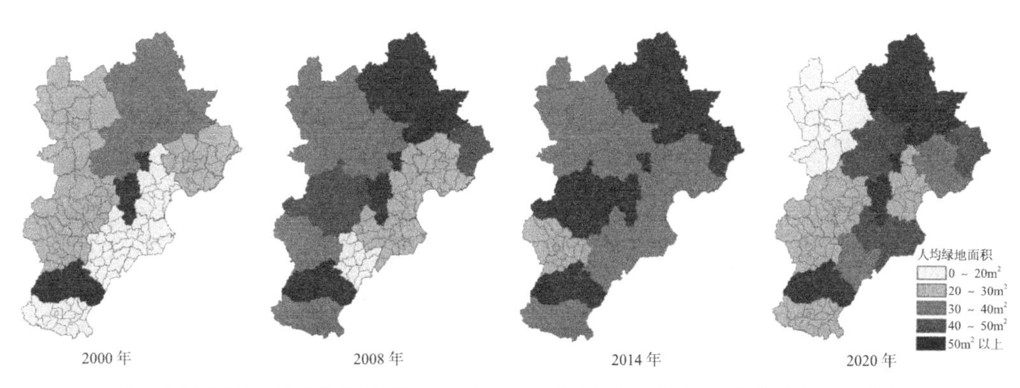

注：由于该统计年鉴数据最早为2006年，2000年数据为根据历年数据趋势反推获得

图6-7 京津冀不同地区人均绿地面积

资料来源：历年《中国城市建设统计年鉴》

6.2 连接度、功能集成度与现实因素相关性检验

6.2.1 数据来源

基于对山地森林、河流沿线绿地、人造地表周边绿地现实价值的梳理，研究得出水源涵养能力、阻滞空气悬浮物传输能力、水质净化能力、服务居民使用能力是可以表征上述绿色空间价值的因素，也是与连接度、功能集成度相关联的4项因素。

下文将运用相关分析方法对上述要素的关系进行数理检验。研究以多年的单位土地年平均水源涵养量、区域年平均$PM_{2.5}$浓度①、县域主要河流年平均水质、城市年水资源利用情况、城市（地级市全域）人均绿地面积为指标，验证上述因素与连接度、功能集成度变化的关系。数据来源如下。

单位土地年平均水源涵养量数据来源于国家林业和草原局调查规划设计院对1990年以来三北防护林体系建设工程区森林水源涵养格局变化研究的成果。该研究通过水量平衡方程核算得到水源涵养量，即基于水量平衡的思路用区域降水量减去蒸散量以及其他消耗的差值作为水源涵养量（王耀，2019）。

区域年平均$PM_{2.5}$浓度数据来源于云南师范大学信息学院对近20年来中国典型区域$PM_{2.5}$时空演变过程研究成果（罗毅，2018），2013 ~ 2019 年区域$PM_{2.5}$浓度值来自中国环境监测总站国家环境空气质量监测网审核后数据。

海河流域水污染情况数据来源于历年《中国生态环境状况公报》。水质数据为水污染情况，按Ⅰ类、Ⅱ类、Ⅲ类、Ⅳ类、Ⅴ类、劣Ⅴ类水质区分，取值越高水污染情况越严重。

水资源利用率数据来自于历年《北京市水资源公报》《天津市水资源公报》《河北省水资源公报》。水资源利用率计算公式为区域水资源总量/区域总供水量，水资源利用率越高，说明区域水资源紧张问题越严重。

人均绿地面积数据来源于历年《中国城市建设统计年鉴》，该数据的统计口径为地级市全域而非中心城区绿地情况。

6.2.2 尺度下沉：连接度、功能集成度县域重采样

为了获得较为精细的观察效果，上述现实要素数据的采集口径为县域尺度。为此城市—区域尺度的连接度与功能集成度分析结果也应在县域层面进行重采样，从而便于与现实要素进行空间匹配并开展相关分析。县域重采样空间结果如图6-8和图6-9所示。

① 由于京津冀地区尺度多年风沙侵袭资料难以支撑县域尺度分析，同时多年县域PM_{10}数据难以追溯获取，本研究使用多年县域$PM_{2.5}$数据作为代替。

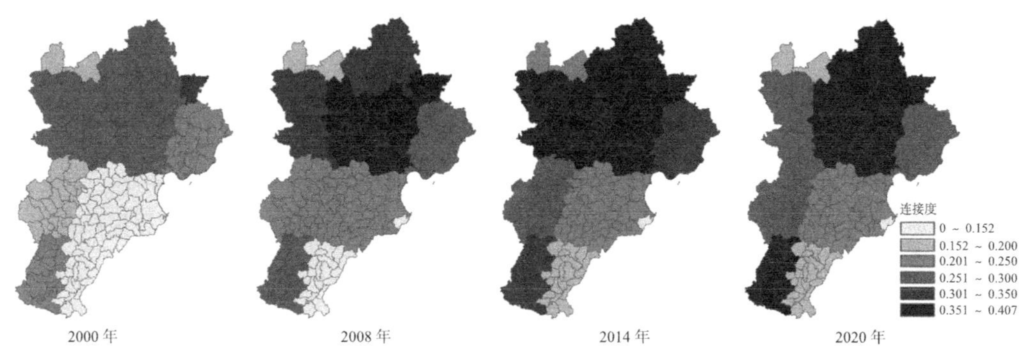

图6-8　京津冀分窗格连接度县域重采样情况

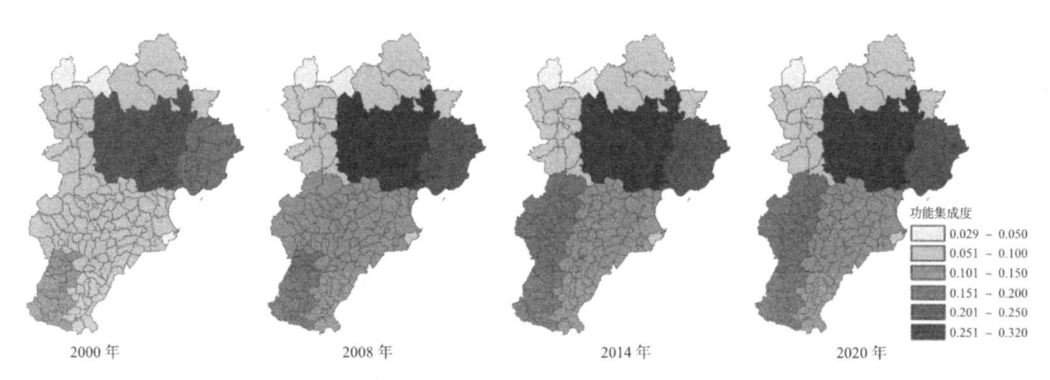

图6-9　京津冀分窗格功能集成度县域重采样情况

6.2.3　相关性分析

研究按照京津冀绿色基础设施发展的不同阶段，对各时期的绿色基础设施连接度、功能集成度与各项现实要素表征指标进行相关分析。分析采用SPSS软件的Pearson相关分析。具体结果如表6-1 ~ 表6-4所示。

2000 年京津冀各县连接度、功能集成度与相关因素相关性分析　　表 6-1

类别		连接度	功能集成度	水源涵养能力	$PM_{2.5}$浓度	地表水水质	水资源利用率	人均绿地面积
连接度	Pearson 相关性	1	0.730**	0.638**	−0.450**	−0.057	−0.415**	0.074
	显著性	—	0.000	0.000	0.000	0.455	0.000	0.332
功能集成度	Pearson 相关性	0.730**	1	0.493**	−0.345**	−0.006	−0.040	0.171*
	显著性	0.000	—	0.000	0.000	0.936	0.600	0.024
水源涵养能力	Pearson 相关性	0.638**	0.493**	1	−0.565**	−0.093	−0.524**	0.141
	显著性	0.000	0.000	—	0.000	0.221	0.000	0.063

续表

类别		连接度	功能集成度	水源涵养能力	$PM_{2.5}$浓度	地表水水质	水资源利用率	人均绿地面积
$PM_{2.5}$浓度	Pearson相关性	−0.450**	−0.345**	−0.565**	1	0.080	0.609**	−0.052
	显著性	0.000	0.000	0.000	—	0.296	0.000	0.498
地表水水质	Pearson相关性	−0.057	−0.006	−0.093	0.080	1	0.036	0.015
	显著性	0.455	0.936	0.221	0.296	—	0.640	0.845
水资源利用率	Pearson相关性	−0.415**	−0.040	−0.524**	0.609**	0.036	1	−0.269**
	显著性	0.000	0.600	0.000	0.000	0.640	—	0.000
人均绿地面积	Pearson相关性	0.074	0.171*	0.141	−0.052	0.015	−0.269**	1
	显著性	0.332	0.024	0.063	0.498	0.845	0.000	—

注：**表示在0.01 水平（双侧）上显著相关，*表示在 0.05 水平（双侧）上显著相关

2008 年京津冀各县连接度、功能集成度与相关因素指标相关性分析　表 6-2

类别		连接度	功能集成度	水源涵养能力	$PM_{2.5}$浓度	地表水水质	水资源利用率	人均绿地面积
连接度	Pearson相关性	1	0.642**	0.619**	−0.625**	−0.098	−0.487**	0.150*
	显著性	—	0.000	0.000	0.000	0.199	0.000	0.049
功能集成度	Pearson相关性	0.642**	1	0.371**	−0.187*	−0.119	0.002	−0.002
	显著性	0.000	—	0.000	0.013	0.117	0.981	0.979
水源涵养能力	Pearson相关性	0.619**	0.371**	1	−0.657**	−0.132	−0.451**	0.322**
	显著性	0.000	0.000	—	0.000	0.083	0.000	0.000
$PM_{2.5}$浓度	Pearson相关性	−0.625**	−0.187*	−0.657**	1	0.036	0.776**	−0.385**
	显著性	0.000	0.013	0.000	—	0.634	0.000	0.000
地表水水质	Pearson相关性	−0.098	−0.119	−0.132	0.036	1	−0.001	−0.163*
	显著性	0.199	0.117	0.083	0.634	—	0.992	0.032
水资源利用率	Pearson相关性	−0.487**	0.002	−0.451**	0.776**	−0.001	1	−0.269**
	显著性	0.000	0.981	0.000	0.000	0.992	—	0.000
人均绿地面积	Pearson相关性	0.150*	−0.002	0.322**	−0.385**	−0.163*	−0.269**	1
	显著性	0.049	0.979	0.000	0.000	0.032	0.000	—

注：**表示在0.01 水平（双侧）上显著相关，*表示 在0.05水平（双侧）上显著相关

2014 年京津冀各县连接度、功能集成度与相关因素指标相关性分析　表 6-3

类别		连接度	功能集成度	水源涵养能力	$PM_{2.5}$浓度	地表水水质	水资源利用率	人均绿地面积
连接度	Pearson 相关性	1	0.646**	0.561**	−0.409**	0.083	−0.137	0.110
	显著性	—	0.000	0.000	0.000	0.277	0.071	0.149
功能集成度	Pearson 相关性	0.646**	1	0.290**	−0.083	0.160*	0.110	0.033
	显著性	0.000	—	0.000	0.276	0.035	0.150	0.665
水源涵养能力	Pearson 相关性	0.561**	0.290**	1	−0.357**	−0.018	−0.212**	0.185*
	显著性	0.000	0.000	—	0.000	0.817	0.005	0.015
$PM_{2.5}$浓度	Pearson 相关性	−0.409**	−0.083	−0.357**	1	−0.082	0.661**	0.070
	显著性	0.000	0.276	0.000	—	0.285	0.000	0.356
地表水水质	Pearson 相关性	0.083	0.160*	−0.018	−0.082	1	0.038	−0.213**
	显著性	0.277	0.035	0.817	0.285	—	0.623	0.005
水资源利用率	Pearson 相关性	−0.137	0.110	−0.212**	0.661**	0.038	1	−0.157*
	显著性	0.071	0.150	0.005	0.000	0.623	—	0.039
人均绿地面积	Pearson 相关性	0.110	0.033	0.185*	0.070	−0.213**	−0.157*	1
	显著性	0.149	0.665	0.015	0.356	0.005	0.039	—

注：**表示在0.01水平（双侧）上显著相关，*表示在0.05水平（双侧）上显著相关

2020 年京津冀各县连接度、功能集成度与相关因素指标相关性分析　表 6-4

类别		连接度	功能集成度	水源涵养能力	$PM_{2.5}$浓度	地表水水质	水资源利用率	人均绿地面积
连接度	Pearson 相关性	1	0.743**	0.514**	−0.349**	−0.029	0.264**	0.122
	显著性	—	0.000	0.000	0.000	0.708	0.000	0.109
功能集成度	Pearson 相关性	0.743**	1	0.324**	−0.165*	0.069	0.439**	0.145
	显著性	0.000	—	0.000	0.029	0.362	0.000	0.057
水源涵养能力	Pearson 相关性	0.514**	0.324**	1	−0.463**	−0.159*	−0.091	0.102
	显著性	0.000	0.000	—	0.000	0.036	0.230	0.181

续表

类别		连接度	功能集成度	水源涵养能力	$PM_{2.5}$浓度	地表水水质	水资源利用率	人均绿地面积
$PM_{2.5}$浓度	Pearson相关性	-0.349**	-0.165*	-0.463**	1	-0.023	0.122	-0.008
	显著性	0.000	0.029	0.000	—	0.762	0.109	0.920
地表水水质	Pearson相关性	-0.029	0.069	-0.159*	-0.023	1	0.134	-0.155*
	显著性	0.708	0.362	0.036	0.762	—	0.078	0.042
水资源利用率	Pearson相关性	0.264**	0.439**	-0.091	0.122	0.134	1	-0.080
	显著性	0.000	0.000	0.230	0.109	0.078	—	0.295
人均绿地面积	Pearson相关性	0.122	0.145	0.102	-0.008	-0.155*	-0.080	1
	显著性	0.109	0.057	0.181	0.920	0.042	0.295	—

注：**表示在0.01水平（双侧）上显著相关，*表示在0.05水平（双侧）上显著相关

经分析，与连接度呈相关关系的要素有水源涵养能力与阻滞空气悬浮物传输能力。2000年、2008年、2014年、2020年，连接度与水源涵养能力的相关系数分别为0.638、0.619、0.561和0.514，说明一直以来连接度与区域水源涵养能力都呈显著的正相关关系。连接度同时与$PM_{2.5}$浓度呈显著的负相关关系，说明连续森林对阻滞$PM_{2.5}$水平传输具有积极作用。

与功能集成度相关联的因素有水质净化能力和服务居民使用能力。然而需要注意的是，在前文的分阶段、分区域详细观察中发现，河流沿线、平原腹地人造地表周边的功能性绿地存在生态系统的脆弱性与不稳定性，由此导致功能集成度与相关联要素相关关系的不稳定性。2000年，功能集成度与人均绿地面积呈正相关，但显著性只有0.024；到了2020年，功能集成度与人均绿地面积的相关关系已降低到不相关，表现出了一定的不稳定性。与此相类似，2000年，道路、河流沿线的功能性绿地规模较小，此时功能集成度与地表水水质不相关；而到了2014年，道路与河流沿线的绿地面积大幅增加，此时功能集成度与地表水水质表现出相关关系。因此，尽管二者存在相关关系，但应注意到这种相关关系目前看是比较脆弱的，在后续的研究中仍应进一步分析与检验。

6.3 连接度、功能集成度变化动力机制：基于公共经济学的视角

本研究之所以选择公共经济学的分析框架，是因为在我国城市—区域尺度层面，绿色基础设施作为一种纯公共品，完全由政府承担建设，因此制度环境的因素对绿色基础

设施建设布局的影响十分重要（宋劲松，2006）。公共经济学研究以经济领域中的政府公共干预行为为研究对象，探索政府活动的适当边界以及政府职能实现的有效方式（唐任伍，2017）。公共经济学解释的现实意义在于可以从政策层面给出治理建议，有利于完善公共政策并解决当前存在的现实问题。

尽管城市—区域绿色基础设施作为纯公共品，建设主体为单一的政府，但其内部也存在着中央—地方、地方—地方之间的权力分配与协作关系。在公共经济学领域中，财政联邦主义视角关注不同层级政府之间分工促进公共品效益最大化过程，尤其关注对财政集权与分权政策带来的现实后果分析，是公共经济学研究的重要分支。具体到绿色基础设施建设领域，环境联邦主义是既有的相对成熟研究范式（张华，2017）。环境联邦主义核心探讨的是不同层级政府之间如何配置权力，使环境管理政策效果达到最优化（Millimet，2013；Oates，2001）。因此，本研究按照环境联邦主义的思路，从中央—地方绿色基础设施建设财政集权—分权的视角探究绿色基础设施连接度与功能集成度提升的动力解释。

6.3.1 解释范式：财政集权—分权视角

联邦主义是指金字塔科层结构的政府系统，由顶端的中央政府和下端的地方政府组成，地方政府公共服务供给权力由中央政府下放，使得地方政府成为相对独立的公共服务提供者和决策者（张华，2017）。相关权力结构在中央政府层面的收束与向地方政府的下放过程分别对应集权与分权状态。既有公共经济学研究认为财政的集权—分权是衡量政府集权—分权状态最核心的表征（杨刚强 等，2017；赵领娣 等，2013；刘冰玉 等，2018；刘欢 等，2018）。

既有研究对于集权还是分权对环境改善更有效的争论整体上分为两派：环境集权支持者认为环境保护分权会由于地方政府间的竞争引致环境规制的“竞次效应”（race to the bottom），导致环境恶化（李伯涛 等，2009；张华，2017）；环境分权支持者认为地方政府更能了解居民的环境偏好，并且环境公共品需求的精细化特征使得其由地方政府提供会更具有高效性（李香菊 等，2016；He，2015；李根生 等，2015）。

本研究认为中央与地方政府在提升区域环境水平的贡献上有不同侧重，现实情况中绝对的中央政府建设与地方政府建设的极端情况也很难出现，更多的是中央—地方之间的分工与协作配合，即“中国式环境联邦主义”（张华，2017）。基于连接度—功能集成度模型的观察，可以实现对中央政府与地方政府在提升绿色基础设施水平更加精细化的解释与认识。因此，下文将从财政集权、分权的视角，探讨连接度、功能集成度的变化与中央政府、地方政府参与之间的关联。

6.3.2 相关因素背后的政策梳理

1. 连接度提升关联政策：水源涵养政策与防风固沙政策

通过对京津冀三地相关环保、绿化政策的系统梳理（详见附录C），参考区域性水源涵养、风沙治理相关的重大政策工程包括三北防护林工程第二阶段（2001年）、京津风沙源治理工程（2002年）、太行山绿化工程（二期，2001年）、21世纪初期首都水资源可持续利用项目（2000年）、张家口首都水源涵养功能区和生态环境支撑区建设项目（2019年）等，可以看出上述政策的特点是国家主导特征明显。

三北防护林作为国家经济建设的重要战略项目，早在1979年便开始建设。进入21世纪，三北防护林第二阶段开始建设，这一项目的效用进一步显现，国家对政策目标也有了新的表述。《国务院办公厅关于进一步推进三北防护林体系建设的意见》（2009年）提出，在东北、华北平原农区，以改善农业生产条件为重点，坚持建设、改造、提高相结合，建成网、带、片相结合的高效农业防护林体系；在风沙区，以治理沙化土地为重点，通过大力开展造林、封育等措施进行全面治理，适度开发利用沙区资源，建成乔、灌、草相结合的防风固沙防护林体系。2014年《国家林业局关于深化三北防护林体系建设改革的意见》提出，在城镇、乡村周围和交通沿线，大力营造生态景观防护林，形成城乡一体化绿化格局；以水定林，山水林田湖统一规划、统一治理、统一保护，建成功能完善、效用互补的生态体系的建设目标。上述政策的落实对于京津冀绿色基础设施连接度与功能集成度的提升具有正面作用。

京津风沙源治理工程是京津冀地区提升绿色基础设施水平的又一项国家战略。2003年国家林业局印发《关于进一步加强京津风沙源治理工程林业建设的通知》，同年水利部颁布《关于京津风沙源治理工程水利水保项目建设管理的指导意见》，强调林业建设工程应实现生态、经济和社会效益统筹兼顾，形成多目标、多功能、高效益的水土保持综合防沙治沙体系。上述政策的开展对京津地区山地森林的连接度与河流沿线的功能集成度提升均有影响。

2014年后，京津冀进入协同发展阶段，生态一体化成为协同的重点先行领域之一。张家口作为首都水源的上游地区，具有重要的生态意义，因此北京—张家口的生态合作联系不断加强。2019年国家发展改革委和河北省政府联合发布《张家口首都水源涵养功能区和生态环境支撑区建设规划（2019—2035 年）》，明确指出：中央财政支持张家口首都“两区”生态建设工程和基本公共服务提升工程，支持脱贫攻坚、大气污染治理、退水还旱、“空心村”治理、去产能企业职工安置等项目建设。国家力量开始介入张家口地区的生态恢复与水源涵养工程建设。

2．功能集成性关联要素政策工程：公园绿地建设与水污染治理政策

本书对三地相关公园绿地建设与水污染流域治理政策和行动进行了梳理。北京一绿隔及二绿隔建设、天津海河轴线、河北饮用水源地保护、子牙河流域水污染防治项目以及京津冀协同战略开展后在雄安新区、通州副中心等重点区域的环境治理与绿地格局营造行动，是不同时期提升绿色基础设施功能的代表性政策行动。上述行动体现出一定的国家指导、地方作为行动主体的特征。

新中国成立后，围绕北京的绿隔建设有着较为丰富的讨论与实践，1994年之后北京的绿隔建设进入实质阶段，并取得了明显成效。2007年北京启动郊野公园环建设，在一绿隔发展控制城市发展规模、改善城市生态环境。2016年新版城市总体规划明确要求推进一绿隔城市公园建设，凸显新时期首都园林绿化以服务人民为中心的发展理念，为北京市建造绿色城墙。北京绿隔既是遏制中心城区"摊大饼"发展的重点地区，也是疏解非首都功能、承载首都功能的主阵地。截至2021年，北京市已经有102个城市公园环分布在一绿隔，显著推进了北京外围的生态环境改善，提升了北京周边绿色基础设施的功能集成度。

海河地处天津市建成区的中心，是天津近代发展的主轴，但同时海河沿岸地区也是城市污染最重的地区（姚小琴 等，2009）。2004年《天津市人民政府关于加强海河环境管理的通告》颁布，海河流域的环境治理与绿色基础设施建设行动开始出现。市内河道治理、堤岸改造、清淤、公园建设、堤岸景观工程、南运河闸改造等行动陆续开展；同时，规定海河管理处负责对海河绿地、河道水体、河床的管理和保护工作，海河及沿线绿色基础设施建设行动持续至今，取得了沿线绿化水平上升与河流污染程度下降的成果（李屹，2019）。

河北的水污染治理政策梳理如下：自1972 年官厅水库发生第一次有记载的污染事件起，1972～1995年河北省完成了362 项污染源限期治理项目（于紫萍，2021）。2000年前的污染治理往往就项目论项目，并不注重绿色环境的营造。进入21世纪，2001年《河北省人民政府办公厅关于加快水污染、城市空气和垃圾污染综合治理的通知》发布，确定工作重点为城市集中饮用水源地、近岸海域和子牙河水系，开展相关流域治理、污染源清退行动，开始了对河流沿线及污染地区整体绿色环境的关注。不仅采取措施清理污染源，同时通过绿化的手段补救产生的负面污染影响。

2011年河北省住房和城乡建设厅印发《关于环首都绿色经济圈县（市、区）园林绿化工作的指导意见》，提出到2013年要建成环首都园林城市带，廊坊市（广阳区、安次区）达到国家生态园林城市标准，12个县（市）都要建成省级以上园林城市（县城），2015年全部达到国家园林城市（县城）标准。三年内要建成设施完善、功能齐全、标识规范统一的环首都绿道网系统；每个县都要建成1个3000亩以上森林公园；2015年，12

个县（市）人均公园绿地面积要大于12.5m^2，绿地率大于40%，绿化覆盖率大于45%。围绕北京特大城市的多功能、连续绿色基础设施空间网络行动开始有效推进。

2014年《河北省林业厅关于印发河北省造林绿化机制（模式）的通知》发布，鼓励“规模造林，成方成片”，即政府对大规模连续的植树行动予以奖励。成片规模造林100亩以上的，一次性奖励10万元；成片规模造林1000亩以上的，一次性奖励100万元。永清县对永定河万亩生态林基地、万亩优质果品基地、通道绿化工程，造林30亩以上地块、绿色通道50m范围内，每亩一次性补助1000元。这样的制度设计对于河北地区的森林连续度提升具有非常积极的现实意义。同时提出“确权管护，田路分家”，坚持不栽一棵“无主树”、不造一亩“无主林”，按照“一路两沟四行树”的要求，为道路两侧进行绿化。这一行动有效提升了各界对道路沿线绿化的积极性，为绿色基础设施的功能集成度提升创造了良好的制度环境。

2017年《河北省绿化条例》颁布，提出县级以上人民政府林业、住房城乡建设（城市绿化）行政主管部门负责城乡绿化工作。交通运输、水利、国土资源、农业等绿化相关主管部门，依照各自职责做好道路、水库、湖泊周围和河流灌渠两侧保护范围内的绿化以及水利设施管理区的绿化。并明确提出燕山和太行山区、坝上区域、沿海区域、京津周边应当加强植树造林绿化，突出森林的生态效益和社会效益。加强森林公园建设，合理利用森林风景资源，积极发展生态旅游。建设工程项目应当按照规划安排绿化用地。上述政策明确了地方事权下具体的权责主体，使人造地表、道路、河流周边的多功能绿地建设开始提速，并有效推进了绿地功能的复合化。

在京津冀协同战略落实方面，京津冀重点地区的生态领域率先突破也对京津冀绿色基础设施的整体建设起到重要推进作用。《河北雄安新区规划纲要》《河北雄安新区总体规划（2018—2035年）》及起步区控制性详细规划、启动区控制性详细规划等重要规划，明确了雄安新区加强生态建设、打造优美自然环境的总体要求和主要任务。规划到2035年，雄安新区森林覆盖率达到40%，起步区城市绿化覆盖率达到50%，生物多样性明显提高，同时提出白洋淀生态用水保障、流域综合治理及淀区生态修复、保护与利用等方面的要求和举措，实现城市与淀泊共融共生。雄安新区坚持先植绿后建城，以建设全国森林城市示范区为目标，加快“千年秀林”建设。

2019年，中共中央、国务院关于对《北京城市副中心控制性详细规划（街区层面）（2016年—2035年）》的批复指出，通州副中心全面增加水绿空间总量，统筹考虑水资源、水生态、水安全、水景观要求，做好留白增绿这篇大文章，建设大尺度生态绿化，在城市副中心外围预留生态绿带和生态廊道控制区，健全城市副中心绿色空间体系，率先建设好城市绿心，实现森林入城等以实现蓝—绿、灰—绿融合与绿道建设。

通过地方政府主体的推进，京津冀三地绿色基础设施的公园绿地水平与水污染防治水平得到显著提升，道路、河流、人造地表周边绿地的多样生态服务功能不断完善，绿色基础设施为当地居民提供生态服务的能力不断提高。

6.3.3 连接度、功能集成度变化的政策解释：基于政府投资构成视角

1．连接度提升主要原因：国家主导的防护林、治理区森林建设取得进展

根据2016年《国务院关于推进中央与地方财政事权和支出责任划分改革的指导意见》（简称《财政事权改革意见》），将全国战略性自然资源使用和保护确定为中央财政事权。相关研究指出，中央林业资金主要投向三个方面，即林业生态工程建设、林业基础设施建设和林业专项事业补助（赵荣 等，2013）。京津冀地区的三北防护林、京津风沙源治理工程森林资源具有全国战略性意义，是中央财政拨款支持建设的重点林业地区。京津冀地区林业投资中央拨款占比的变化（图6-10、图6-11）可以在一定程度上解释不同时期连接度变化的原因。

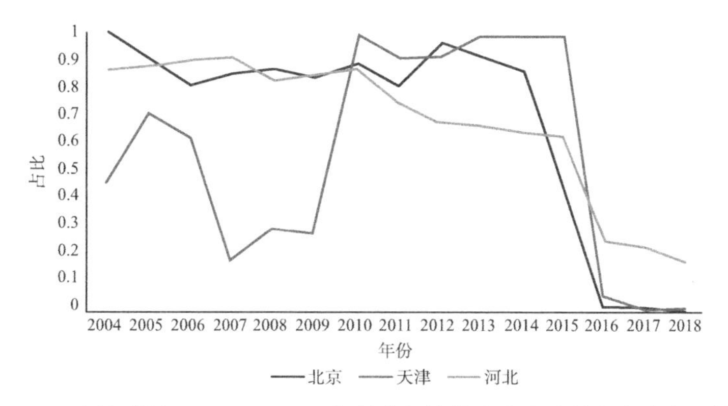

图6-10 京津冀地区2004～2018年林业投资资金中中央拨款占比变化情况

资料来源：历年《中国环境统计年鉴》

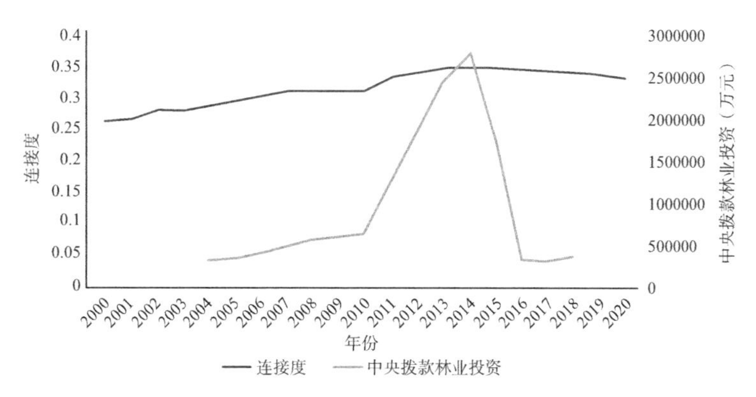

图6-11 京津冀地区整体连接度水平与中央拨款林业投资变化趋势

资料来源：历年《中国环境统计年鉴》

2000～2008年连接度快速上升阶段。学界普遍认为2000年前后是环境保护政策地位在我国显著提升的时期。在整体制度环境方面，党的十六大以来科学发展观、建设资源节约型和环境友好型社会、可持续发展战略陆续成为指导国家发展的大政方针；在京津冀地区重大工程落实方面，2001年是三北防护林第二阶段和太行山绿化项目二期的元年，同年国务院批复《关于21世纪初期（2001—2005年）首都水资源可持续利用规划》，2002年京津风沙源治理工程启动。在这样的水源涵养、风沙防护重大森林建设工程带动下，京津冀历史上的森林破坏亏空得到填补，森林面积大幅度增加，连接度快速上升。

2008～2014年，中央在河北的林业投资比例不断缩小，但仍是林业投资的重要来源，国家主导的林业建设特征仍然显著。由于国家投资比例的降低，这一时期京津冀连接度提升速率开始放缓，在河北省的一些地区开始出现植被覆盖水平停滞不前以及小部分退化现象，但整体上这一时期连接度仍保持较为平稳地增长。

2014～2020年，中央拨款占三地林业投资的比例开始大幅度下降，中央拨款仅保留用于在具有国家战略意义的重大项目工程层面，如三北防护林建设和京津风沙源治理工程（表6-5、表6-6）。由于中央拨款的大幅度降低，地方筹集资金成为林业投资的主要来源，地方政府资金运用与中央拨款的资金运用逻辑差异导致这一时期京津冀整体的连接度提升不再像国家主导时期那样快速增长，在一些地区开始出现山地森林的退化。然而由于三北防护林、京津风沙源治理工程的持续推进，京津冀地区的山地森林整体格局得以维系，因此连接度没有出现大幅度下降。

2014～2019年京津冀地区三北防护林工程建设投资来源情况　表6-5

年份	北京			天津			河北		
	实际投资（万元）	国家投资（万元）	国家投资占比	实际投资（万元）	国家投资（万元）	国家投资占比	实际投资（万元）	国家投资（万元）	国家投资占比
2014	722530	672008	0.93	136427	136427	1.00	23660	13950	0.59
2015	9150	9123	1.00	137763	137456	1.00	123275	30316	0.25
2016	20728	20728	1.00	25364	25364	1.00	28996	27030	0.93
2017	27413	27413	1.00	5584	5584	1.00	39990	34553	0.86
2018	5000	5000	1.00	—	—	—	39405	32875	0.83
2019	2500	2500	1.00	—	—	—	205660	64463	0.31

2014 ~ 2019 年京津风沙源治理工程建设投资来源情况　　表 6-6

年份	北京			天津			河北		
	实际投资（万元）	国家投资（万元）	国家投资占比	实际投资（万元）	国家投资（万元）	国家投资占比	实际投资（万元）	国家投资（万元）	国家投资占比
2014	1938	1499	0.77	2057	1692	0.82	15926	14076	0.88
2015	5209	5209	1.00	11188	11188	1.00	23485	20235	0.86
2016	37403	37403	1.00	1545	1545	1.00	25714	20519	0.80
2017	63818	62008	0.97	1419	1419	1.00	20041	19491	0.97
2018	14368	14368	1.00	1760	1760	1.00	29726	26626	0.90
2019	10823	10823	1.00	879	879	1.00	36572	36189	0.99

资料来源：历年中国环境统计年鉴

以上是从历史分析视角对中央林业投资拨款对京津冀整体连接度影响的描述，下面运用相关性分析的方法验证中央林业投资拨款数量与京津冀整体连接度的关系。经分析，2004 ~ 2018年京津冀地区的连接度与中央林业投资拨款金额的相关系数为0.611，在0.05 水平（双侧）上显著相关（表6–7），说明二者存在相关关系。

2004 ~ 2018 年京津冀地区整体连接度与
中央拨款林业投资金额相关情况　　表 6-7

		中央拨款林业投资金额
京津冀地区整体连接度	Pearson 相关性	0.611*
	显著性（双侧）	0.016
	N	15

注：*表示 在 0.05 水平（双侧）上显著相关

2．功能集成度提升：地方主导的公园绿地建设与小流域治理等地方行动下的功能集成度提升

在《财政事权改革意见》中将直接面向基层、量大面广、与当地居民密切相关、由地方提供更方便有效的基本公共服务确定为地方的财政事权。结合对相关政策与工程的梳理，研究判断北京绿隔、河北水源地保护、子牙河水污染治理、天津海河流域治理等公园建设与水污染治理项目为地方主导的投资项目，其资金来源主要为地方。从地方林业投资资金的数量变化情况可以在一定程度上解释功能集成度提升的原因（图6–12、图6–13）。

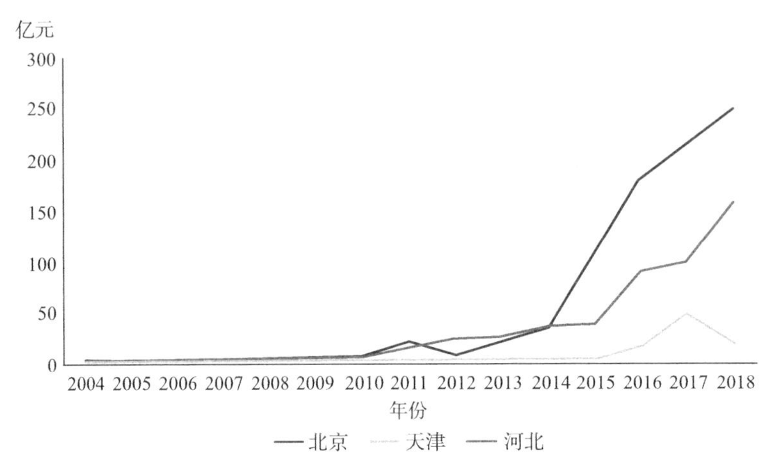

图6-12　京津冀地区2004～2018年地方筹集林业投资资金情况

资料来源：历年中国环境统计年鉴

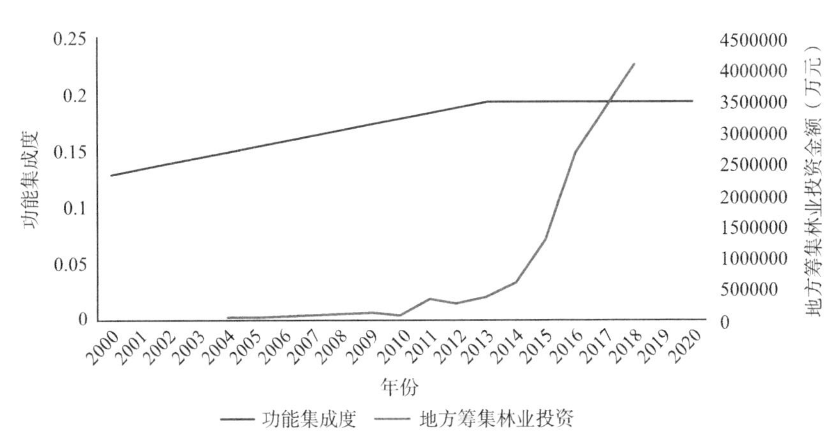

图6-13　京津冀地区整体功能集成度水平与地方筹集林业投资资金额变化趋势

资料来源：历年中国环境统计年鉴

整体上，功能集成度的变化呈现出两个阶段，即2000～2014年的快速增长时期和2014～2020年的稳定调整时期。在2000～2014年功能集成度快速增长时期是国家主导的林业投资时期，山地森林建设是这一时期的建设重点，平原森林并没有专门的国家工程支撑建设。然而基于对京津冀不同观察窗格的精细化观察发现，这一时期道路沿线、河流沿线、城市外围的绿色空间经历了从无到有的转变，是平原绿网的整体格局的奠定时期与扩张时期。平原地区绿色网络建设底子薄，因此自从京津冀地区政府开始有意提升河流沿线、人造地表外围环境之时，相关地区的绿色空间便展现出较强的扩张性趋势，在这一时期表现出功能集成度的较快增长。

通过对相关国家政策工程的梳理发现，在2000～2014年国家主导林业投资时期，国家主导的林业建设通常强调数量上的扩张，即完成一定规模的森林建设是相关建设任务是否完成的最核心指标。然而2014年以后，随着林业投资领域完成由中央主导向地方政府主导的投资主体转变，林业建设不再对规模数量有硬性要求，地方政府更倾向于提升绿色基础设施公共服务的质量，而不是进行空间数量上的扩张。因为基于公共选择理论的假设，提升生态服务质量与绿色空间服务水平是地方政府吸引人才、资本的重要手段。在2014年后地方政府将绿色基础设施建设重点放在提升服务质量方面，即提高大城市尤其是特大城市周边的绿色基础设施数量，围绕城市周边的河道、道路布局绿色基础设施，提升重点地区与战略地区的绿色基础设施功能集成度。因此，在这一时期特征为区域整体的功能集成度稳定，局部重点地区（北京、天津、石家庄等主要城市）与战略性地区（雄安、通州等）的功能集成度提升。

下面运用相关性分析的方法验证地方林业投资筹集数量与京津冀整体功能集成度的关系。经分析，2004～2018年京津冀地区的功能集成度与地方筹集林业投资金额的相关系数为0.607，在0.05水平（双侧）上显著相关（表6-8），说明二者存在相关关系。

2004～2018 年京津冀地区整体功能集成度与地方筹集林业投资金额相关性分析　　表 6-8

项目		地方筹集林业投资金额
京津冀地区整体功能集成度	Pearson 相关性	0.607*
	显著性（双侧）	0.016
	N	15

注：*表示在0.05水平（双侧）上显著相关

6.4 京津冀国土空间生态治理行动建议

6.4.1 我国城市群国土空间生态治理有待优化的关键环节

中共中央办公厅、国务院办公厅于2021年10月颁布了《关于推动城乡建设绿色发展的意见》，提出建设与资源环境承载能力相匹配、重大风险防控相结合的空间格局是促进区域和城市群绿色发展的首要任务。在我国以往的空间规划治理体系中，主体功能区是大尺度空间塑造国土空间开发保护格局的有效途径（樊杰，2019）。在城市群层面，全国主体功能区规划与各省级主体功能区规划共同奠定了区域发展战略格局以及生态安全格局。

在实际的空间治理操作过程中，全国主体功能区划方案其实是由两个空间层级区划合并而成，一个是国家层级，按照具有全国意义的四类地域功能进行的类型区划分，划分方案不是地域全覆盖的；另一个是省级行政区层级，按照在本省级行政区具有意义的四类地域功能进行的类型区划分，其划分的地域范围是国家层级功能区划分后剩余的全部地域（樊杰，2019）。在这样的技术流程下，产生了宏观国土生态空间治理的两个核心传导问题：①纵向国家、省级行政区层次空间战略向下传导的尺度对接问题；②横向不同省市、不同地域功能类型在交界处的协同治理问题。

以《北京市主体功能区规划》为例，北京市主体功能区对限制开发区（生态涵养发展区）的划定以区为单位，房山、门头沟、昌平、延庆、怀柔、密云评估均位于生态涵养发展区内。然而事实上上述各区的实际开发强度差异较大，难以以统一的限制开发标准进行管控。此外，北京市禁止开发区的设置主要通过名录列表、分布示意图的形式展现，这样缺乏空间精细落位的管控手段产生的技术层面的掣肘为：①县域精度的政策区单元难以实现生态地区的刚性边界管控与战略传导；②叠加式的空间管控手段造成生态保护区的碎片化，水源保护区、森林公园、风景名胜区等同类、异类保护用地之间的绿色空间较为割裂；③北京、天津、河北交界的国家级重点生态功能区、禁止开发区内的连续森林在跨界地区缺少协同管理指引，无法实现省级与国家级主体功能区规划的衔接。

6.4.2 宏观国土空间生态治理引入连接度—功能集成度观察体系的意义：基于与国家—省域主体功能区规划的比较

城市—区域尺度绿色基础设施连接度—功能集成度观察体系可以作为衔接不同省市主体功能区战略的过渡工具，也可以服务省级主体功能区的县域尺度到国家主体功能区宏观尺度的重要参照。通过将本观察体系与北京市主体功能区规划即周边省市主体功能区规划进行对比可以发现，本观察体系在斑块精度、涉及斑块数量以及刻画斑块联系程度上均有更好的表现（表6-9）。基于上述模型精度优势，可以论证城市—区域尺度绿色基础设施连接度—功能集成度观察体系具有以下意义：①可以实现更加清晰明确的边界管控，服务治理体系现代化；②有利于跨界地区的刚性管控边界、指标对接，服务区

北京市主体功能区规划与连接度—功能集成度观察模型固定样窗空间精度对比　表 6-9

	主体功能区规划—禁止开发区域	连接度—功能集成度观察模型
斑块数量（个）	63	593
斑块平均面积（km^2）	44.8	13.4
斑块联系（斑块间平均距离）（km）	16	6.5

域生态协同；③将禁止开发区中自然保护区、森林公园、水源保护地等纳入一个整体保护体系——城市—区域尺度绿色基础设施，并通过绿道等线性空间串联，实现区域生态格局的系统化与跨部门协同。

6.4.3 对京津冀地区国土空间生态治理的建议

京津冀地区的生态环境问题在我国具有一定的普遍性，然而其问题解决的方式却具有相当的特殊性，这种特殊性体现在首都政治地位起到的引领示范作用上（张兵，2016）。针对上述国家生态空间治理面临的技术性问题，研究认为连接度—功能集成度模型对于水、空气生态流的关注，可以提供一种相对科学且关注生态过程的评价体系。通过城市—区域尺度连接度—功能集成度模型对宏观—微观尺度的评价，进一步服务“双评价”以及生态保护红线科学划定的开展，通过“精细评价服务进一步工作”的模式，实现上位规划与下层次规划的衔接（图6–14）。

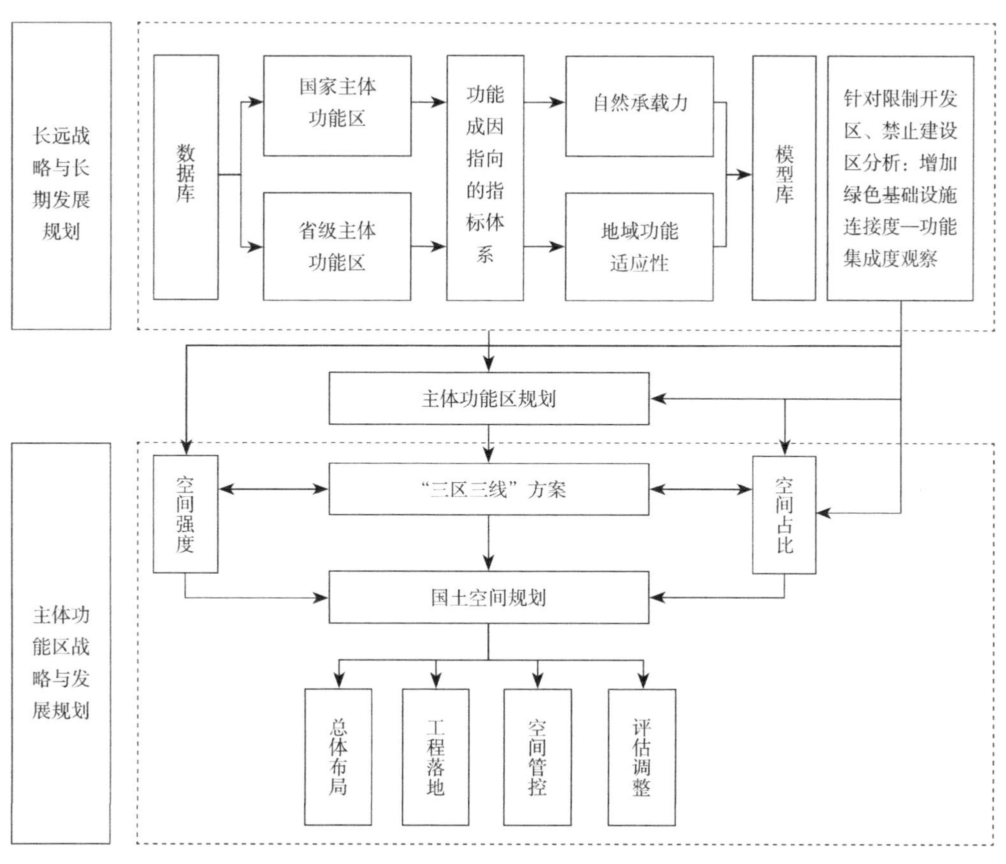

图6–14　关于在主体功能区划与空间规划层级之间增加城市—区域尺度绿色基础设施分析以服务区域绿色治理的设想

资料来源：基于樊杰，2019改绘

1．加强对水、空气等生态流连续过程的关注

《中共中央 国务院关于建立国土空间规划体系并监督实施的若干意见》指出，要在国土空间规划过程中保护生态屏障，构建生态廊道和生态网络，推进生态系统保护和修复，意味着在制度层面绿色空间网络化是重要的政策取向。为了实现这一政策目标，同时完善“双评价”的科学支撑，建议在城市—区域尺度“双评价”与生态红线划定的指标计算过程中，增加对区域绿地、绿道、流域性雨洪设施的连接度与功能集成度评价的相关内容。理论上，空气、水等生态流在区域中的顺畅流动需要结构上连续、功能上有机整合的绿色基础设施作为物质支撑。连接度—功能集成度指标可以评价水、空气生态流在同质的绿色空间介质以及异质的灰色—绿色空间交界介质顺畅流动的状态，可以实现对生态流流动过程的评估与管控，从而通过对绿色基础设施完善程度的评价实现对生态保护地区生态服务功能的评价。

2．加强对主体功能区规划、“双评价”相关指标及阈值、参数合理性的研究与检验

“双评价”相关评价指标及阈值、参数确定的科学性直接决定了管理的成效。从科学评价的视角出发，主体功能区规划分析、“双评价”选取的相关指标应具有通用性与普适性，能够反映国土空间的一般特征规律。与此同时，指标阈值、参数的确定应基于大量可重复、可检验的科学试验，并且有明确的生态层面、制度层面意义，这样才能指导生态保护行动并确保环境质量提升。研究建议将连接度—功能集成度作为主体功能区划定分析、“双评价”过程中评价生态空间的指标之一，因为上述两项指标具有可作国际比较的通用性、可追溯的参数确定过程以及可检验的生态—制度效果联系。具体而言，连接度—功能集成度模型针对的评价对象是生态保护红线内的生态保护区，其中核心管控区由于涉及禁止人为活动进入的生态地区，侧重于对连接度的观察与管理；外围管控区（二级管控区）由于涉及一些必要的设施工程建设，存在一定程度的灰色设施与绿色空间混合现象，侧重于对功能集成度的评价与管控。上述两项指标可以看作“双评价”工作针对生态保护区特定空间的进一步细化评价。

3．依据生态流连续情况制定次区域环境保护规划，实现联合管理与行动

《京津冀协同发展规划纲要》指出，京津冀在生态环境保护方面要按照“统一规划、严格标准、联合管理、改革创新、协同互助”的原则（新华社，2015）。因此，形成围绕生态保护与管理的“行动共同体”是京津冀生态协同的关键一环。基于连接度—功能集成度模型对京津冀地区绿色基础设施进行分析的结果，对构建上述环保行动共同体具有一定的理论指导意义。具体而言，基于连接度的分析结构，京津冀地区太行山—燕山森林是一个完整的巨型绿色斑块，围绕这一斑块的生态与社会价值的应用和管理，建议形成由国家主导、三地共同参与的太行山—燕山森林管理机构，对该连续斑块内的一切

植树造林与环境保护行动进行统筹；基于功能集成度计算，建议京津冀地区形成专门的绿道管理部门与流域雨洪管理部门，统筹进行河流沿线与道路沿线绿道的建设和管理，以提升区域整体的安全韧性与景观质量，避免因行政边界分割和部门条块分割导致绿色基础设施不连续。在此基础上编制相应的太行山—燕山森林保护规划、京津冀绿道规划、京津冀（海河流域）雨洪设施规划。与此同时，根据上述次区域管理层面“尺度重构”的需要，进行相应的权力与财税调整，为规划实施、区域联合管理与执法创造合适的制度环境。

第7章 结论

7.1 主要结论

总体来看，城市—区域尺度绿色基础设施连接度—功能集成度模型具有一定的可操作性，即国际通用性与历史分析精细性。该模型运用的生态流连续视角以及所蕴含的整体思维能够从空间层面反映绿色基础设施在结构和功能层面的系统性，有助于城市—区域乃至城市群层面的空间构建良好的空气与水环境。该模型可以提供一种对绿色基础设施结构与功能系统性的直观表征，在横向区域比较与纵向历史分析场景的应用中有助于目标地区明确自身的绿色基础设施建设短板与所处的历史阶段进程。与此同时，通过连接度、功能集成度这两项直观表征与背后的绿色政策因素相关联，可以起到评估政策落实情况的作用。其有助于中央政府实现对绿色基础设施建设财政集权—分权治理模式的科学选择，也有助于地方政府优化绿色基础设施布局并明确政策发力点；有助于构建“精细观察—问题与规律发现—政策建议”的学术—政策互动流程，从而达到服务城市群整体绿色品质与韧性安全提升，并通过跨界绿色基础设施这一抓手实现区域协同治理与绿色转型的目的。

通过国际案例地区测试以及国内京津冀案例的检验，研究得出适宜城市—区域尺度的绿色基础设施连接度与功能集成度计算模型参数为连接阈值6500m，缓冲区宽度600m。

运用城市—区域尺度绿色基础设施连接度—功能集成度观察模型与国际横向比较研究，研究发现随着特大城市地区经济社会的发展，绿色基础设施连接度与功能集成度提升是共性规律。连接度的提升体现在植被结构圈层化、绿色空间集聚化、植被落差逐渐扁平化和跨界连续治理普遍化几个方面，功能集成度的提升体现在人造裸露地表比例下降的灰—绿融合、滨水地区空间蓝—绿融合以及主要道路沿线绿—道融合等方面。

在京津冀地区绿色基础设施历史演进观察方面，研究发现连接度提升的主要原因在于山地森林规模扩张，功能集成度提升的主要原因在于河流沿线、人造地表周边绿色空间扩张。山地森林扩张意味着区域水源涵养能力、阻滞空气悬浮物水平传输能力提升，河流沿线、人造地表周边绿色空间扩张意味着水质净化能力、绿色空间服务居民使用能力提升。经检验，连接度变化与水源涵养政策、风沙与空气治理政策存在关联，功能集成度变化与水污染治理、公园绿化建设政策存在关联。运用公共经济学财政集权—分权的分析视角并结合相关数据的支撑，研究证实中央投资主导的山地森林建设是连接度提升的主要动力，地方投资主导的小流域治理、公园绿化建设是功能集成度提升的主要动力。该发现对于各地政府落实绿色发展理念与生态一体化战略具有一定的理论意义。

7.2 研究启示

应重视国家力量在跨区域绿色基础设施建设与协同方面的重要作用。研究发现，以大规模森林、绿地为代表的绿色基础设施的连接度提升需要国家的积极参与才可能实现，依靠地方政府的力量难以实现跨区域连接与协同。因此，在巨型绿色基础设施项目建设过程中应保证国家力量的有效参与。

既要关注大城市地区的绿色基础设施发展，也要重视中小城市及外围腹地的绿色基础设施水平提升。大城市周边地区绿色基础设施连接度与功能集成度提升是国际普遍规律，是各级政府共同作用的结果。但研究同时也观察到广大城市外围腹地、中小城市地区的绿色基础设施建设表现出脆弱性与不稳定性，其原因可能与国家投资难以全面覆盖以及地方政府对腹地边缘地区投资的重视程度有限有关。城市—区域尺度绿色基础设施建设是一项网络化的巨型工程，不仅要关注大城市，也要关注大区域。对城市外围腹地与中小城市绿色基础设施连续与多功能网络的构建，有利于区域整体的空气环境、水环境改善，有利于优美人居环境的整体营造，同时也有利于降低潜在的跨区域绿色治理成本。

7.3 创新点

研究构建了基于连接度和功能集成度的城市—区域尺度绿色基础设施观察体系，改进了已有模型方法。找到了一种相较于绿化水平总量描述、国家及省域层面限制开发区与禁止开发区划定模型的更精细化的宏观生态—人造耦合空间分析模型——城市—区域尺度绿色基础设施观察模型体系。该模型体系从生态流的结构与功能联系视角描述绿色基础设施的系统性特征，运用高精度梯度—斑块数据进行观察与计量，对于进一步从宏观生态价值层面、区域空间整体层面精细认识绿色基础设施具有一定意义。研究运用距离梯度法修正并确定了城市—区域尺度绿色基础设施连接度、功能集成度计算模型的连接阈值与缓冲区宽度参数，可为省域主体功能区规划生态分析、“双评价”生态指标评价提供参考。

通过城市—区域的全球比较分析，总结并验证了城市—区域绿色基础设施评价的一般方法和可行性。其意义在于一方面缓解了国际不同地区绿色基础设施因行政区划、城市规模等原因导致不可比较的困境，另一方面弥补了国际、国内研究对城市—区域绿色基础设施定量关注不足的研究缺陷。

聚焦京津冀地区，研究了跨区域绿色基础设施的格局，揭示了其演化的过程和动力机制。从公共经济学视角，探索了中央—地方林业投资构成与连接度、功能集成度之间的关联，基于财政集权—分权的表征，初步给出了绿色基础设施连接度、功能集成度提升的制度层面解释。

7.4 研究不足

研究运用统计学的方法找到了适合城市—区域尺度的绿色基础设施连接度与功能集成度评价的参数，但是这种参数仍然需要经受生态学的价值意义检验。由于笔者生态学背景知识有限以及对相关方法、流程掌握不足，单纯基于统计学方式确定的模型可能存在不严谨或粗浅的地方，未来可以风沙、雾霾、水作为目标生态流，进行生态流标记法测定相关参数的生态学价值，以检验参数的合理性。

在京津冀绿色基础设施历史观察与动力解释方面，研究仅从公共经济学视角给出了一定解释。然而在现实情况下，公共品的供给考虑的因素非常复杂，不仅要考虑经济效益，还要考虑社会效益，尤其是绿色基础设施这一类型公共品的生态效益也是供给决策中需要重点考虑的因素。未来可以考虑结合其他学科如社会学、生态学的解释框架，对相关公共品的供给原因进行解读。值得欣慰的是，本研究提供了一种相较于总量描述更精细化的结构性、功能性绿色基础设施特征观察模型，可以为其他解释框架提供数据支撑，从而揭示更深层次的动力因素。

由于知识背景的局限，研究没有对绿色基础设施的规模效益进行细致分析与计算。未来可以结合经济学、生态学相关理论与模型，分析探讨城市群尺度绿色基础设施的规模效益，从而对宏观绿色基础设施的经济、生态、社会价值有进一步认识。

附录

附录A　8个特大城市地区2015年连接度、功能集成度计算原始数据

1．不同连接阈值下连接度计算结果

斑块连接数（NL）

参数距离（km）	北京	上海	广州—深圳	首尔	东京	纽约—费城	伦敦	兰斯塔德
1	12	23	2	2	36	137	1	94
3	276	561	299	236	622	1152	99	1188
5	730	1342	842	673	1568	2704	427	2704
7	1256	2290	1629	1188	2879	4716	871	4553
9	1865	3317	2613	1841	4448	7070	1444	6343
11	2500	4556	3745	2586	6307	9697	2101	8218
13	3305	6009	5045	3415	8426	12587	2854	10260
15	4043	7487	6430	4358	10711	15647	3645	12309

连续斑块数（NC）

参数距离（km）	北京	上海	广州—深圳	首尔	东京	纽约—费城	伦敦	兰斯塔德
1	456	521	501	509	480	397	505	421
3	252	185	263	304	130	93	411	100
5	116	90	101	130	42	49	185	47
7	59	37	51	50	22	35	81	35
9	35	23	29	23	11	28	36	27
11	28	9	17	11	6	23	14	23
13	17	8	9	9	5	19	4	17
15	12	6	8	7	4	16	3	12

景观巧合概率（LCP）

参数距离（km）	北京	上海	广州—深圳	首尔	东京	纽约—费城	伦敦	兰斯塔德
1	22.18	24.33	22.52	22.69	24.33	633.84	22.47	27.73
3	44.92	71.43	49.37	39.26	89.87	4944.02	28.20	129.73
5	115.07	131.41	222.79	134.62	373.15	6497.76	71.78	281.15
7	140.92	194.15	358.05	190.74	424.29	6648.05	185.91	286.54
9	153.31	278.61	404.43	315.40	455.28	6751.44	332.95	289.38

续表

参数距离（km）	北京	上海	广州—深圳	首尔	东京	纽约—费城	伦敦	兰斯塔德
11	164.49	431.12	470.14	409.67	488.24	6873.03	463.25	290.19
13	205.41	431.15	490.03	419.35	496.17	6924.81	491.15	292.93
15	222.43	431.34	491.03	498.03	497.17	6948.53	584.99	297.99

整体连接度（IIC）

参数距离（km）	北京	上海	广州—深圳	首尔	东京	纽约—费城	伦敦	兰斯塔德
1	21	24	22	23	24	553	22	25
3	31	43	33	30	48	1829	25	67
5	53	68	80	55	119	2818	41	113
7	71	95	128	81	160	3236	73	136
9	81	123	156	116	186	3518	118	148
11	90	165	182	150	210	3776	155	157
13	102	179	201	166	225	3975	177	166
15	112	191	215	196	238	4119	193	174

2．不同缓冲区宽度下道路功能集成度计算结果

功能斑块数（FN）

缓冲宽度（m）	北京	上海	广州—深圳	首尔	东京	纽约—费城	伦敦	兰斯塔德
100	721	536	227	335	293	114	100	200
200	1114	893	321	558	509	189	400	490
300	1577	1247	415	796	748	274	650	750
400	2007	1618	510	1063	975	343	870	970
500	2412	1964	650	1319	1248	423	1050	1140
600	2816	2296	759	1576	1493	534	1210	1300
700	3230	2634	895	1785	1737	626	1300	1385
800	3647	2951	1053	2015	2003	741	1390	1475
900	4090	3302	1182	2250	2280	863	1470	1535
1000	4307	3650	1322	2483	2566	977	1540	1565

功能斑块面积（FA）

缓冲宽度（m）	北京	上海	广州—深圳	首尔	东京	纽约—费城	伦敦	兰斯塔德
100	1975	1065	12033	4568	1894	10249	10239	17632
200	2150	1156	12643	5160	1989	10391	10439	17832
300	2376	1237	12722	5481	2094	10435	10539	17932
400	2763	1398	13661	5887	2810	10488	10739	18132
500	3131	1481	13923	6130	2972	10557	11339	18732
600	3491	1593	14022	6648	3178	10611	13539	20932
700	4050	1700	14081	6850	3332	10658	14839	22232
800	4970	2425	14254	7053	3488	10695	15439	22832
900	5188	2546	14650	7200	3611	10729	15839	23232
1000	5319	2667	14788	7432	3713	10745	16039	23432

功能巧合概率（FCP）

缓冲宽度（m）	北京	上海	广州—深圳	首尔	东京	纽约—费城	伦敦	兰斯塔德
100	121.36	167.56	53.01	86.78	83.55	967.14	133.39	500.00
200	673.31	1127.18	490.15	231.12	733.72	2291.70	414.62	1000.00
300	1005.23	1596.38	827.89	508.24	1686.09	3740.42	685.18	1500.00
400	1857.38	2035.66	1231.58	756.51	1986.98	5788.20	1077.26	2000.00
500	1916.36	2041.24	1780.88	1035.55	2436.34	5960.34	1680.26	2600.00
600	1996.00	2043.19	2408.00	1081.20	2999.77	6874.19	2036.14	2960.00
700	2307.56	2094.77	2514.35	1116.96	3299.43	7586.64	2174.81	3200.00
800	2763.53	2100.03	3428.37	1120.50	3347.74	7606.61	3430.46	3440.00
900	2763.53	2100.03	3457.41	1124.47	3353.54	8550.87	3436.63	3450.00
1000	2764.30	2100.23	3663.88	1317.93	3354.26	8598.34	3500.94	3500.00

功能联系紧密度（FIIC）

缓冲宽度（m）	北京	上海	广州—深圳	首尔	东京	纽约—费城	伦敦	兰斯塔德
100	90.17760254	101.9068202	44.38468204	66.72330927	65.80273551	799.5085991	92.30926281	22.38300906
200	222.3308346	325.5165126	321.2086549	122.0163923	339.0243354	1345.603954	752.1063755	495.8535379
300	357.200224	504.1319272	458.0938768	203.0935745	621.3241907	1939.015472	1147.323843	1116.91322
400	530.5044769	626.0630959	611.7393236	278.2948077	780.848897	2657.690163	1596.586358	1467.867573

续表

缓冲宽度（m）	北京	上海	广州—深圳	首尔	东京	组约—费城	伦敦	兰斯塔德
500	604.8743671	693.4587226	779.8878124	351.4967994	936.436063	2946.641817	2103.874521	1810.159338
600	689.8463597	744.3782641	907.5516514	394.3120592	1084.429574	3346.402546	2800	2135.745062
700	742.8579945	801.1735143	1064.295542	430.0127905	1192.662463	3720.444866	2818.507406	2373.857418
800	823.6461619	841.9518989	1243.864944	453.075049	1263.625736	3906.841435	3524.227007	2529.976619
900	859.5894369	876.4005933	1311.773609	473.4860082	1320.662712	4281.79752	3738.316199	2655.457967
1000	899.4331548	907.5687302	1413.249801	514.3335494	1374.217959	4422.725404	3992.004008	2773.279511

附录B　京津冀11个观察窗口2015年连接度、功能集成度参数检验曲线

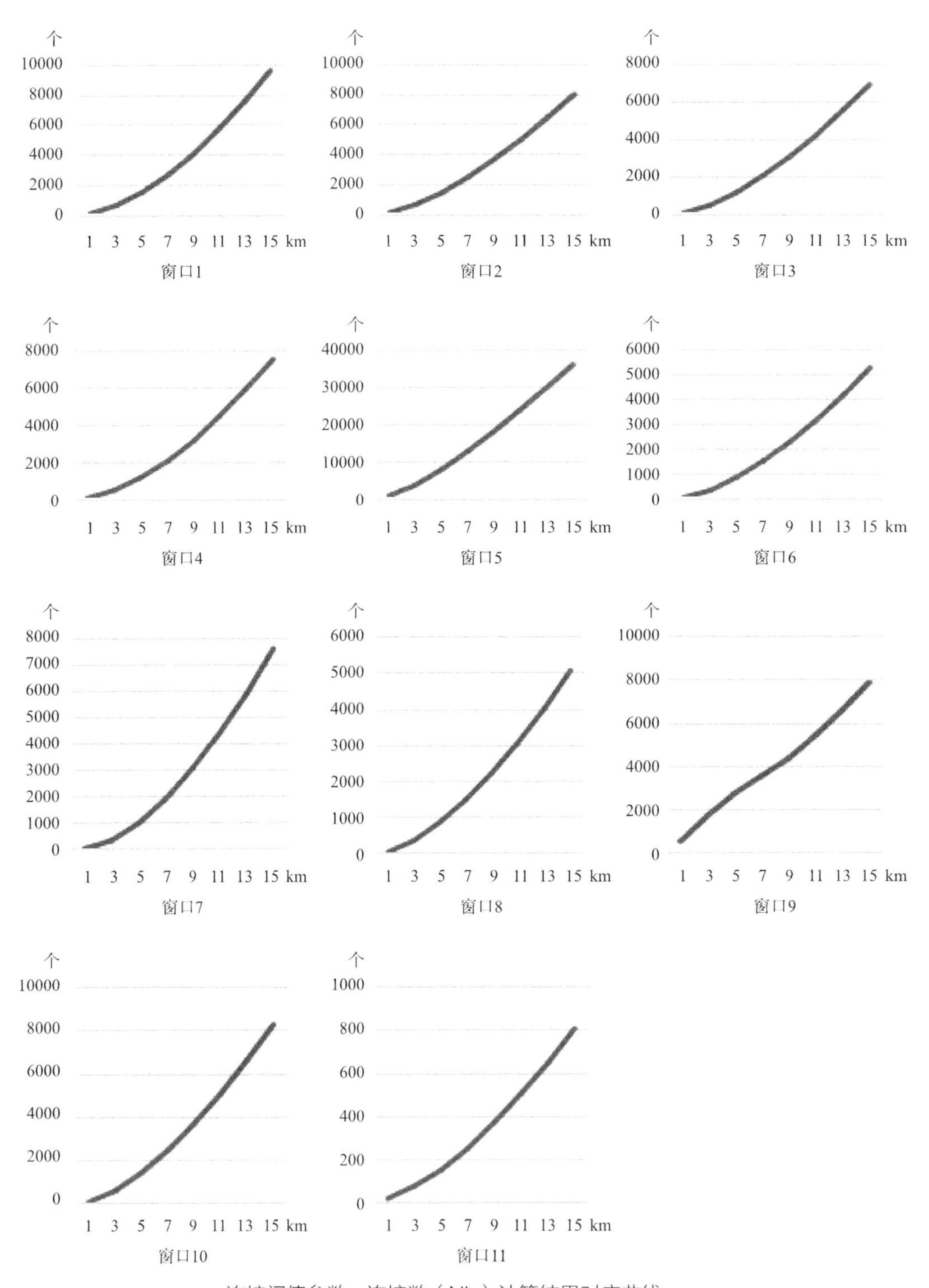

连接阈值参数—连接数（NL）计算结果对应曲线

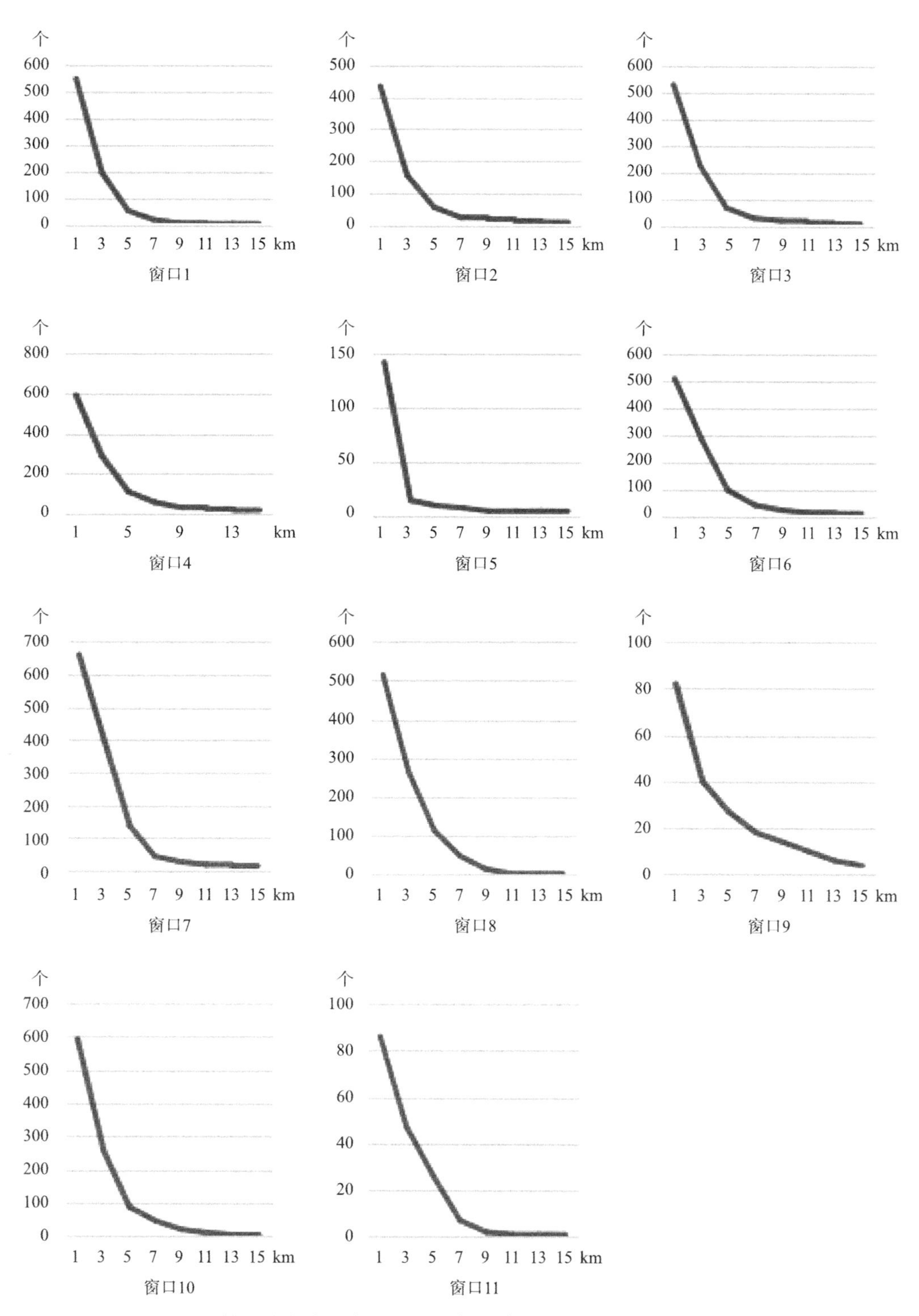

连接阈值参数—连接斑块数（NC）计算结果对应曲线

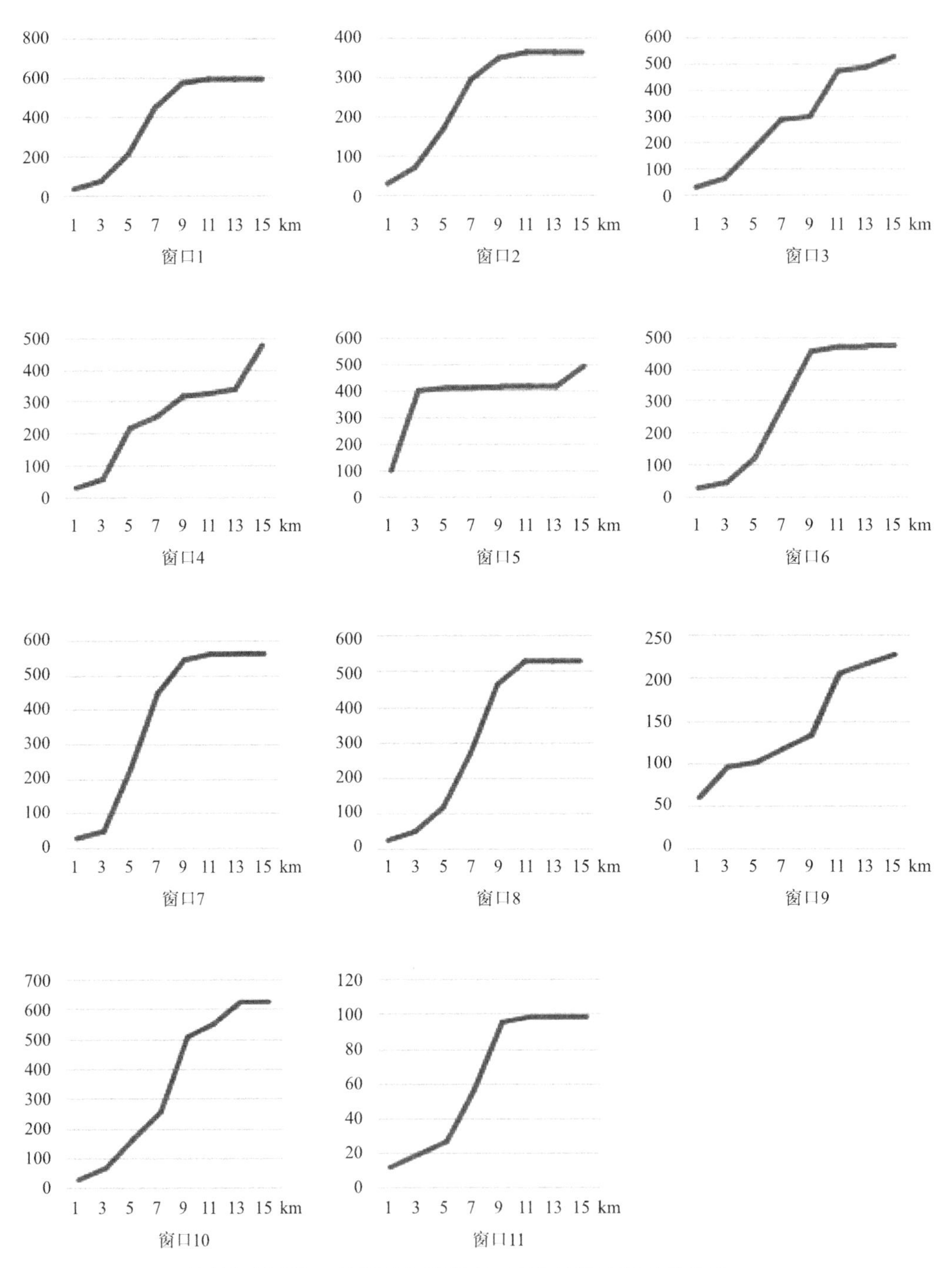

连接阈值参数—连接巧合概率（LCP）计算结果对应曲线

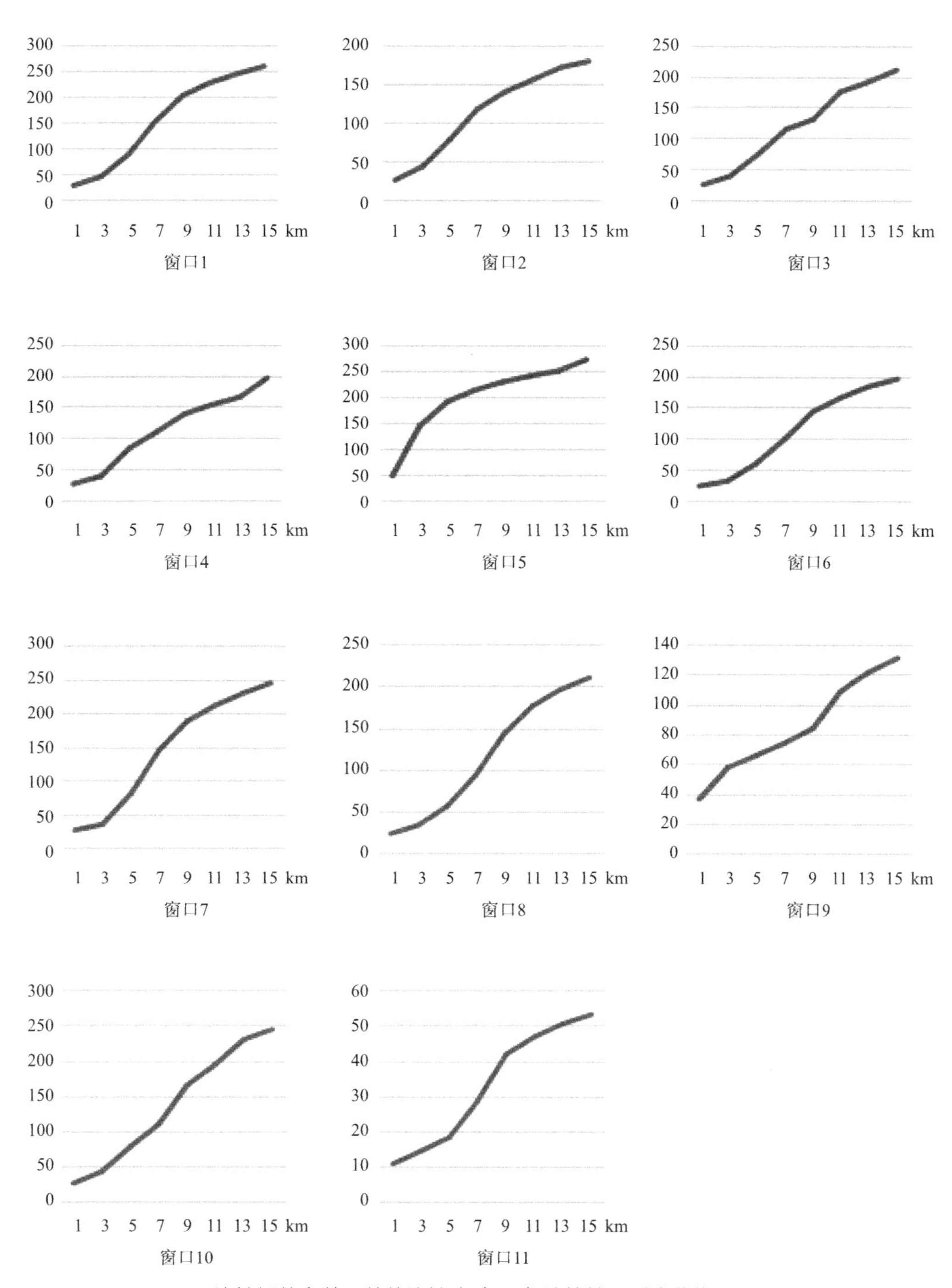

连接阈值参数—整体连接度（IIC）计算结果对应曲线

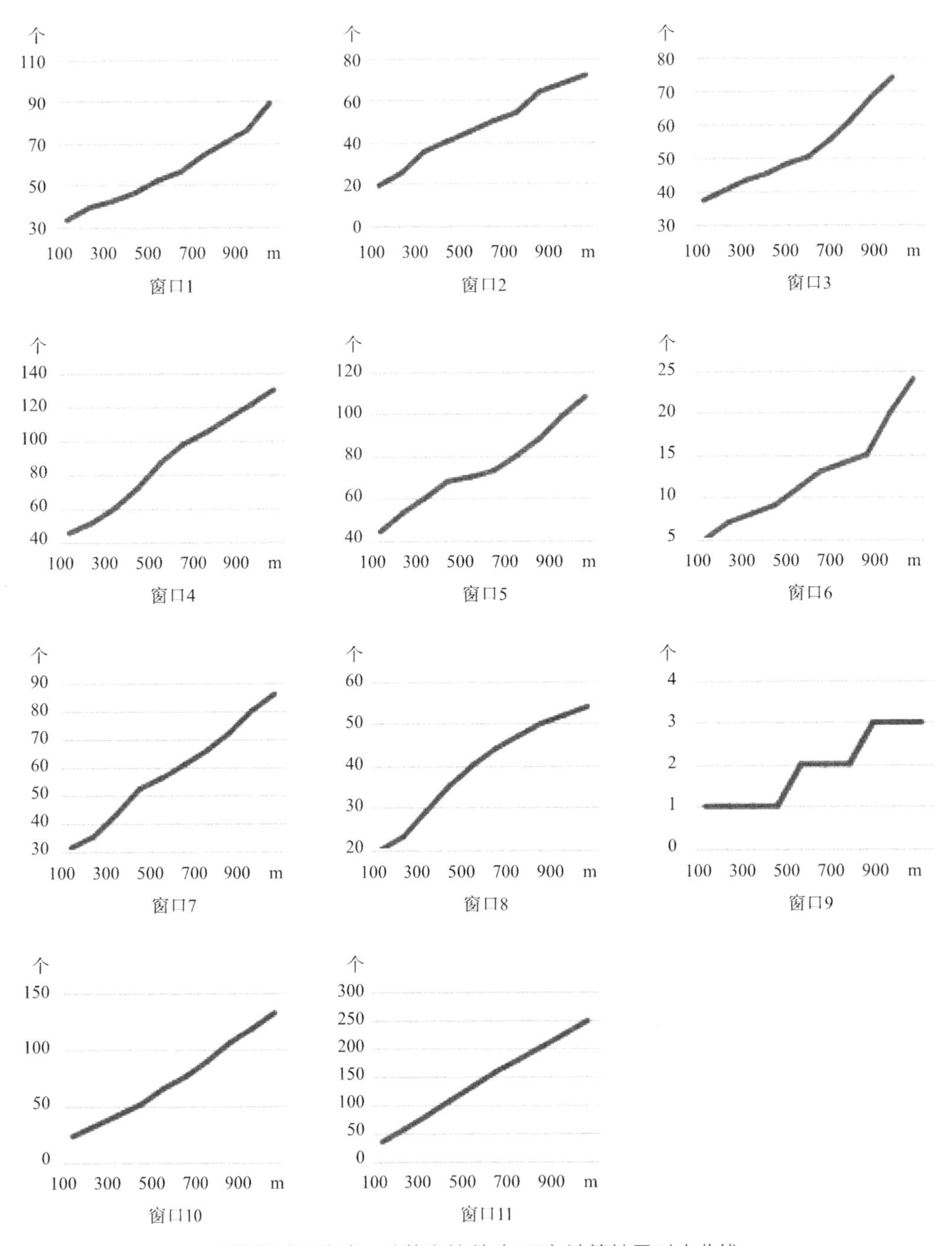

功能缓冲区宽度—功能斑块数（NF）计算结果对应曲线

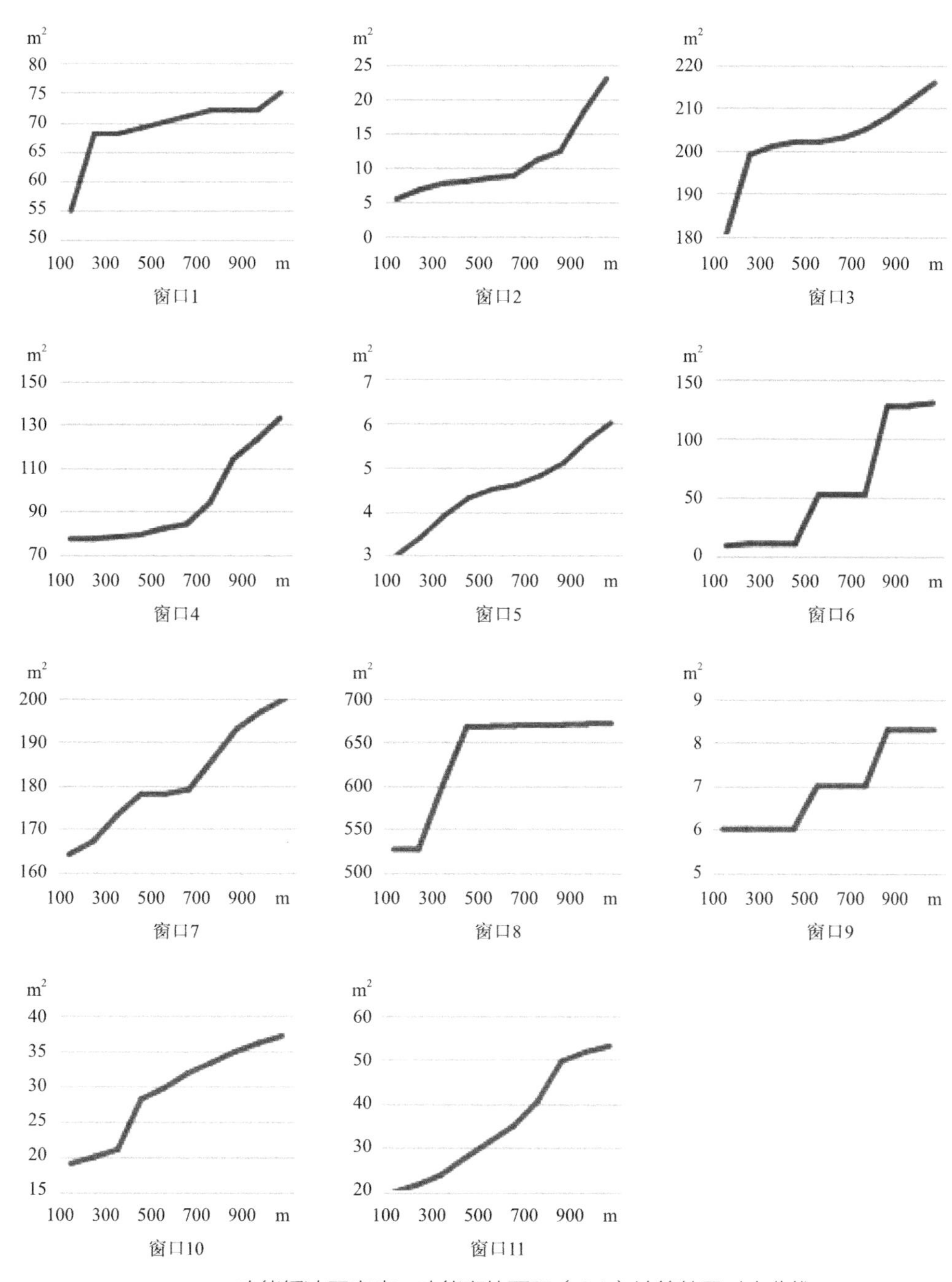

功能缓冲区宽度—功能斑块面积（GA）计算结果对应曲线

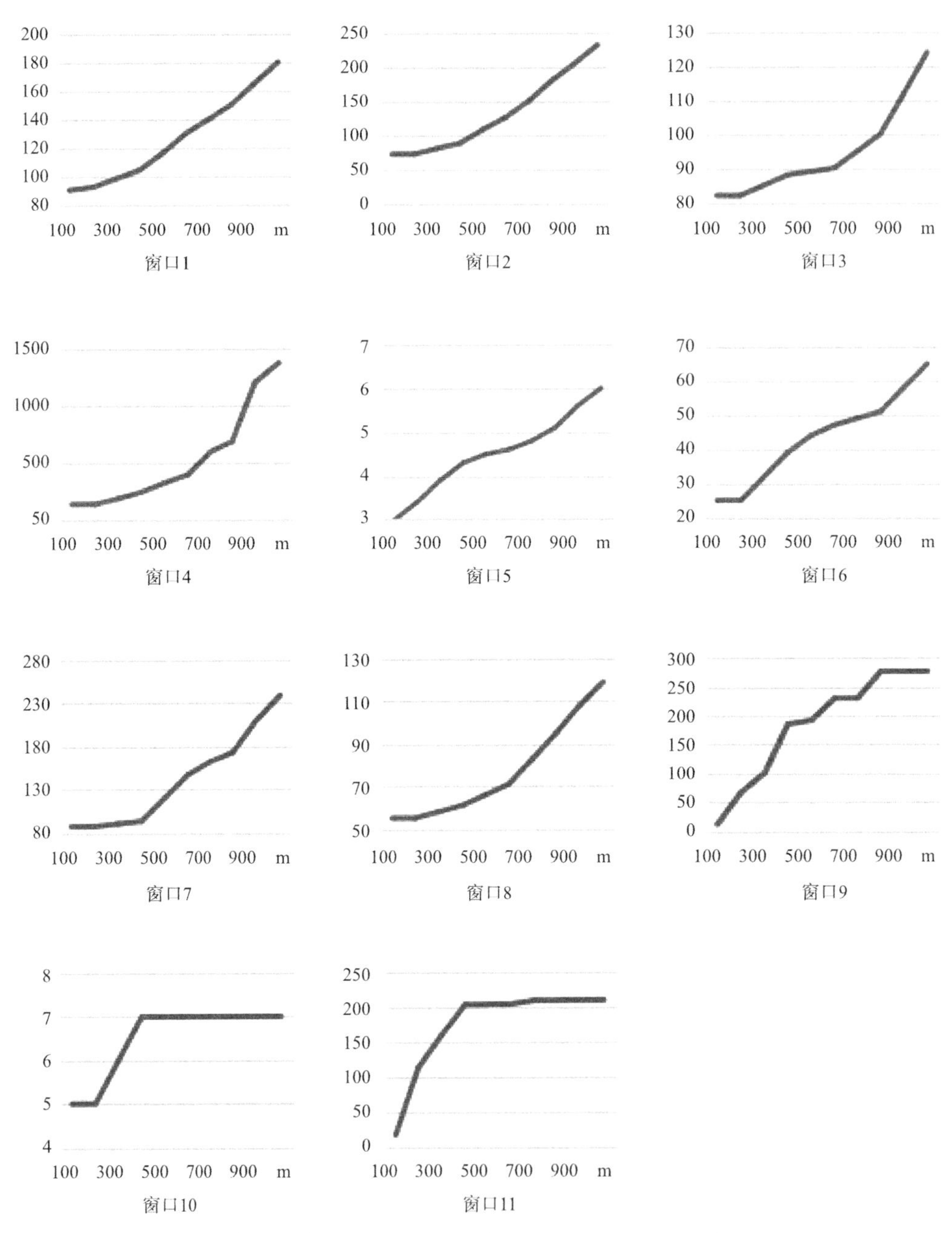

功能缓冲区宽度—功能巧合概率（FCP）计算结果对应曲线

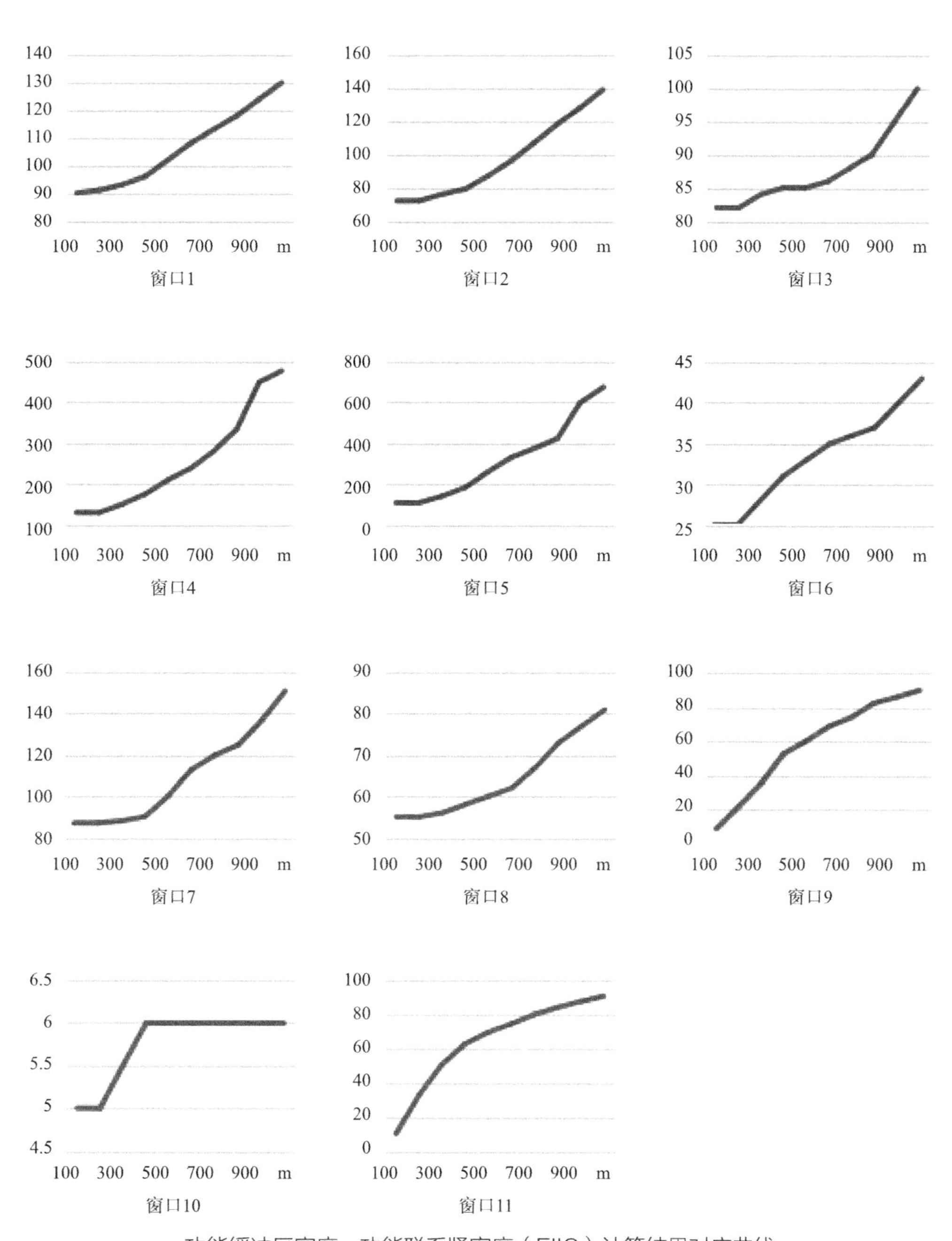

功能缓冲区宽度—功能联系紧密度（FIIC）计算结果对应曲线

附录C 京津冀地区1994年以来环境保护与设施建设重大项目梳理

京津冀地区环境保护与设施建设重大项目梳理

时间	北京市
1994年	• 北京市开始实施市区规划绿化隔离地区建设
2000年	• 开展居住区绿化70hm^2（1050亩）；其他绿化建设项目30hm^2（450亩），城近郊区各区建一块面积1万m^{2}以上的绿地
2001年	• 加强对排污企业的监督检查，对累计三次抽查污染物排放浓度超标的企业实行停产治理； • 三北防护林四期工程
2002年	• 京津风沙源治理工程（一期）； • 完成马草河及周边地区整治，启动凉水河水系综合治理工程； • 完成清河污水处理厂一期工程； • 全面整治东便门三角地，建设明城墙遗址公园； • 完成右安门外东庄铁路环内环境整治，拆除违法建设，清除垃圾渣土，绿化植树； • 全市拆除违法建设总面积不低于300万m^2。继续整治城乡接合部，落实区域环境卫生责任制；继续搞好中心城区环境整治；基本拆除三环路以内干、支路两侧的违法建设和逾期临建； • 完成二环路阶段性改造工程，对二环路绿化进行全面整治；修补新东路、安定路等20万m^{2}破损较严重道路； • 新增城市隔离地区绿化面积1333hm^2，城近郊区每区至少建设1处1hm^{2}以上林地，继续实施“黄土不露天”整治工程，完成新建居住区80hm^{2}绿化美化任务； • “沙地播草覆盖”工程3333hm^2；进行山区生态屏障建设，营造水源保护林4667hm^2，太行山水土保持林2000hm^2，实施爆破整地造林1333hm^2，完成飞播造林作业面积1.33万hm^2；完成中幼林抚育4.67万hm^2； • 完成密云水库一级保护区内石骆驼段、八家庄段8.7km防护网建设，保障首都饮用水源质量
2003～2004年	• 南水北调中线工程开工； • 二绿隔开始建设； • 北京总体规划“两轴两带多中心”； • 加快污水处理厂建设，完成卢沟桥污水治理； • 推进市民公园绿地休闲场所建设，城近郊区每区至少建设1处1万平方米以上公园绿地，加快实施小型公园绿地建设； • 一绿隔建设； • 奥运会场馆建设
2005～2006年	• 北环水系北护城河及亮马河段综合治理工程； • 温榆河水质改善工程； • 百条绿化特色大街建设工程； • 丰台区马草河上段治理工程； • 金河生态治理工程； • 潮河二、三期综合治理工程； • 官厅上游妫河、蔡河流域综合整治； • 城市公园环建设； • 整治清河下清河闸至汇合口13.4km河道，年底前完成主体工程； • 新增林地11.5万亩，其中水源保护林和水土保持林工程8万亩，爆破造林2万亩，彩叶工程1.5万亩；对42990名生态林管护人员开展全员培训

续表

时间	北京市
2007年	• 改善山区生态环境，完成310km^2小流域综合治理任务，使整治后的小流域达到清洁小流域的标准，促进农村地区产业发展； • 城中村环境改造、改造公厕，切实做好村容村貌的环境整治工作，提高环境水平； • 郊野公园环开始建设； • 老旧小区绿化更新； • 一系列城市绿化美化行动
2008年	• 高速铁路网络开始建设，即中国第一条高速铁路——京津城际铁路； • 海淀区翠湖湿地建设工程； • 温榆河水质改善工程； • 潮白河顺义河南村至港北闸段河道治理工程； • 卢沟桥污水处理厂再生水工程； • 民族大道奥运景观绿化改造工程（北土城东路—北四环路）； • 郊野公园建设工程（二期）； • 京津城际铁路及京津第二通道绿化带工程新开项目； • 北京市四清环卫集团新址建设工程（朝阳区大屯）； • 城乡接合部105个行政村环境整治； • 城八区“边角地”环境整治； • 加大城市河湖再生水使用量，改善水环境；在清河、清洋河奥运公园水系、圆明园公园等城市河湖水系建设15处补水口，补水能力达到31.6万m^3/d，中水使用量5000万m^3； • 建设350处雨水利用工程，其中城区200处、农村地区150处； • 完成320km^2小流域综合治理任务，使整治后的小流域达到清洁小流域标准； • 完成公路大修工程200km，完成公路指路标志改造工程500km，绿化、美化生态公路100km，完成旧桥改造加固工程30座；开通农村客运线路25条，全市行政村通车率达到100%； • 免费向社会开放15个郊野公园；新建、改建万米以上城市公园绿地20处，面积80hm^2；创建首都绿化美化园林小城镇5个，首都绿色村庄50个，首都绿化美化花园式单位350个； • 继续推进村庄环境整治； • 完善山区生态林补偿机制，将新增的5.38万hm^2山区生态林纳入补偿机制范围；围绕金海湖等十大重点风景名胜区、旅游区营造彩色景观林1333hm^2
2009年	• 受灾居民易地搬迁环境治理； • 巩固大气污染防治成果，实现大气质量的持续改善，力争空气质量二级和好于二级的天数达到71%，全市各区域空气质量达到相应水平； • 完成正在运行的12座垃圾填埋场臭味治理工作；完成密云、房山等山区929个村的垃圾密闭化建设；深化垃圾源头分类减量，推进垃圾资源化利用； • 建设生物质气化集中供气系统10个、大中型沼气集中供气系统10个，新建20个整村户用沼气综合利用示范工程； • 打造旅游安全屏障，加强重点景区安全管理； • 新建、改建城市公园绿地； • 继续实施绿化隔离地区“郊野公园环”建设，完成郊野公园绿地建设10处，面积达到666.7hm^2（1万亩）；免费开放19个郊野公园；

续表

时间	北京市
2009年	• 围绕金海湖、古北口、青龙峡、玉渡山、八达岭、十三陵、凤凰岭、九龙山、十渡、青龙湖十大重点风景名胜区、旅游区营造彩色景观林2000hm^2（3万亩），在多地开展生态修复；启动山区低效生态公益林改造示范工程，实施3333.3hm^2（5万亩）水源保护林可持续经营项目，提高森林碳汇能力，改善生态景观效果； • 新城万亩森林滨河公园； • 郊野公园建设工程； • 2009年重点绿色通道建设工程； • 翠湖国家城市湿地公园
2010年	• 实施山区泥石流易发区及生产条件恶劣地区农民搬迁工程，完成5000人的搬迁任务，改善山区农民生产、生活条件； • 推动山区沟域经济绿色发展； • 进一步推进绿化隔离地区建设，建成10个郊野公园，面积666.7hm^2；免费向社会开放14个郊野公园； • 推进11个滨河森林公园绿化建设，完成计划总量的50%以上； • 实施农村绿色化设施改造； • 新建10处城市休闲绿地，绿化面积50hm^2，完成100个老旧小区绿地改造建设，美化群众居住环境； • 创建首都绿色社区； • 继续推进郊区环境建设，创建5个环境优美乡镇和100个生态村； • 推进永定河生态环境建设，完成卢沟桥再生水厂主体工程及再生水管线工程建设； • 完成温榆河辛堡闸改建主体工程建设，提高北运河水资源利用率，积极改善潮白河顺义、通州沿岸水环境； • 加快6座餐厨、果蔬、园林垃圾相对集中的资源化处理站建设，推进朝阳、密云等区县9处非正规垃圾填埋场治理工作； • 在11个市属公园实现园林绿化垃圾资源化处理，建设1座公园绿植垃圾处理厂，完善绿化垃圾处理配套设施； • 完成道路绿化工程100km； • 建设一系列滨河森林公园
2011年	• 完成永定河绿色生态走廊城市段（三家店拦河闸—燕化管架桥）14km建设，门城湖、莲石湖、晓月湖、宛平湖全面蓄水，完成绿化工程，改善生态环境，向市民免费开放； • 新建城市休闲绿地10处，新增绿地面积100hm^2，对100个老旧小区进行绿化改造，免费向社会开放5个滨河森林公园、10个郊野公园； • 治理、优化市属公园的11个景区共30万m^{2}游览环境，大力提升公园游览承载能力； • 进一步改善空气质量，推进20蒸吨以上及部分分散燃煤锅炉清洁能源改造，完成800蒸吨改造任务； • 新建绿色基本农田； • 开展京广线、京津城际铁路、京石铁路客运专线沿线环境整治工作，改善火车站周边环境，开展西单北大街及延长线、莲石路等80条重点大街环境达标工作，建设丰台区纪家庙、朝阳区重兴寺等6个开放式街心绿地公园； • 世博园园区绿化景观及相关设施建设项目； • 永定河生态发展带“六园一带”建设工程

时间	北京市
2012年	• 实施居住条件恶劣地区农民搬迁工程； • 完成北小河污水处理厂升级改造工程建设，改善周边地区水环境；继续推动永定河绿色生态发展带建设，完成永定河园博湖及水源净化主体工程建设； • 结合20万亩造林，开展健康绿道建设试点，新建15处城市休闲绿地，新增绿地面积300hm^2，免费开放6个新城滨河森林公园，建设立体绿化10万m^2，打造10处绿化美化精品街区； • 在市属公园中推出100项公园文化活动和展览项目，提升市属公园游览品质； • 五环内无煤化改造工程； • 永定河园博湖综合治理工程； • 雁栖湖生态发展示范区； • 丰草河整治工程； • 大石河流域绿色水岸建设工程； • 第九届园林博览会相关建设； • 顺义新城滨河森林公园； • 南大荒休闲森林公园； • 开始监测$PM_{2.5}$
2013年	• 南海子郊野公园二期； • 2013年北京市平原造林工程； • 南中轴森林公园一期； • 未来科技城滨水公园； • 东南二环滨河森林公园； • 雁栖湖生态发展示范区公园； • 继续对东城区2.7万户、西城区1.7万户平房区供暖清洁能源改造； • 完成35万亩平原造林工程，建设15个（200hm^2）城市休闲公园，提升100条胡同、街巷绿化美化水平
2014年	• 京津冀协同战略提出； • 建设生态小流域； • 建设绿道，为群众休闲健身提供更多场所； • 大兴机场建设（及其绿带）； • 京津保生态过渡带
2015年	• 建设200km绿道； • 玉泉山南侧生态环境提升工程； • 百万亩平原造林； • 围绕水源保护，在36个乡镇建设38条生态清洁小流域，改善73个村、8万农民生产与生活条件； • 党中央提出新发展理念，绿色发展成为指导思想； • “一带一路”倡议，基础设施互联互通，绿色化发展成为走出国门国际竞争的重要特质； • 大气污染防治治理； • 继续推进农村地区“减煤换煤、清洁空气”行动，通过优质燃煤替代、煤改电等方式年度完成减煤换煤120万t；实施农村地区液化石油气送气下乡，新发展用户10万户

续表

时间	北京市
2015年	• 完善道路慢行系统80km，保障人行道、自行车道的连续性； • 建成200km健康绿道，为群众提供更多休闲健身场所； • 扩大市属公园对外开放面积，新增文物古建开放院落10处共计6000m^2，并面向市民免费开放颐和园益寿堂历史文化展、北京动物园畅观楼园史展等10个历史文化主题展览展陈馆； • 北京冬奥会设施建设（及绿色设施）
2016年	• 雄安新区、通州副中心、崇礼的绿色化建设； • 北运河湿地公园（延芳淀湿地公园）； • 大唐青灰岭风光发电示范项目49.7MW工程； • 在26个乡镇建设完成27条生态清洁小流域，治理水土流失面积245km^2，改善71个村、5万农民的生产生活条件； • 建设道路周边绿地； • 美化公共休闲绿地； • 提供更多绿地场所
2017年	• 北运河（通州段）综合治理工程； • 延芳淀湿地； • 温榆河干流综合治理工程； • 城市副中心2017年平原地区重点区域绿化建设工程（通州）； • 环行政办公区森林景观带建设工程（通燕高速公路绿化景观提升工程二期）； • 西海子公园（通州）； • 通州区黑臭水体治理工程； • 妫水河世园段水生态治理工程； • 密云水库库滨带水源保护二期工程； • 京津风沙源治理二期工程； • 青龙湖森林公园（二期）； • 顺义区舞彩浅山郊野公园（一期）； • 夏各庄滨水生态休闲公园； • 南磨房乡绿隔产业项目：建筑面积约43.8万m^2，建设内容为弘燕地块国家自贸区电商示范基地、中国创意出版产业基地B区、华韵国际文化艺术交流中心等（服务产业的绿隔）； • 建设生态清洁小流域29条，治理水土流失面积293km^2； • 建设森林多功能示范区
2018～2019年	• 流域治理成为重点，跨界协同成为工作内容；加强水源保护，建设生态清洁小流域22条； • 启动实施1000个村庄环境整治和美丽乡村建设，全市平原地区村庄基本实现“无煤化”； • 2018年北京房山区太行山绿化三期工程； • 潮白河森林生态景观带建设工程（一期）； • 潞苑北大街绿化景观提升工程（道路绿化是为了景观）； • 西海子公园改扩建工程（二期）； • 张家湾公园建设工程（一期）； • 延芳淀湿地工程； • 门头沟永定河滨水森林公园； • 温榆河综合治理工程；

续表

时间	北京市
2018～2019年	• 新增10处城市休闲公园和100km健康绿道，扩大城市绿色生态空间，满足市民休闲健身需求； • 充分利用拆违、棚改、疏解等腾退用地，以及城市边角地等，见缝插绿，新建50处口袋公园及小微绿地； • 首农集团旧宫西毓顺公园工程； • 石景山景观公园； • 温榆河公园朝阳示范区； • 南苑森林湿地公园示范区； • 丰台区北天堂公园建设工程； • 通州区潮白河森林生态景观带建设工程（三期）； • 新安公园； • 衙门口城市森林公园； • 密云区冶仙塔城市森林公园； • 延庆冬奥森林公园建设工程； • 亮马河四环以上段景观廊道建设工程； • 城市绿心园林绿化建设工程； • 门头沟永定河滨水森林公园； • 西海子公园改扩建工程（二期）； • 通州区萧太后河景观提升及生态修复工程； • 东小口城市休闲公园项目； • 挖掘各种道路资源，在社区、公园及其他场所建设100km健走步道，进一步满足群众体育健身需求； • 新建10座休闲公园、50处口袋公园及小微绿地，扩大城市绿色生态空间，为市民提供更多户外休闲场所
2020年	• 高速铁路网络初步建成； • 环球主题公园度假区景观水系工程（通州）； • 大兴机场绿化绿隔建设； • 坝河景观廊道建设项目； • 北京霞云岭国家森林公园（东北区域）建设工程； • 昌平区沙河湿地公园； • 南苑森林湿地公园先行启动区A地块土方及水系工程； • 通州区潮白河森林生态景观带建设工程（四期）； • 延庆蔡家河地区绿道建设工程； • 温榆河公园顺义一期； • 完成600个村人居环境整治，加强公厕户厕建设与管护、村庄绿化美化、危房改造等工作，持续推进美丽乡村建设； • 通过腾退还绿、规划建绿、见缝插绿等方式，新建10座城市休闲公园，扩大城市绿色生态空间，为市民提供更多户外休闲场所； • 创建多功能休闲区为群众就近运动健身提供便利条件； • 打造颐和园耕织图展厅、北海公园阅古楼等10处市属公园文化空间，推动首都博物馆、徐悲鸿纪念馆、大钟寺古钟博物馆等市属博物馆提供延时服务，丰富市民文化生活； • 新增造林绿化面积15万亩，开放豆各庄城市公园东园等10个城市休闲公园，进一步扩大绿色生态空间，为群众提供更多户外休闲场所

续表

时间	天津市
2003～2004年	• 市区河道改造（月牙河二期5km河道治理、四化河4.2km河道治理、北塘排污河4.8km）； • 天津市6条高速公路两侧农林建设工程（建设绿色通道14.49万亩、高效农业经济带8.68万亩等）； • 外环河贯通与河水循环工程（未连通段打通、河道清淤等）； • 海河开发基础设施； • 市内河道治理； • 铁路两侧道路、绿化和环境综合整治工程（对外环线内全长74.46km铁路两侧32m范围内违章建筑物、构筑物进行拆迁和清理，在铁路两侧实施道路及绿化、美化工程建设）； • 天津海河基础设施开发（堤岸改造、清淤、南运河闸改造等）
2005～2006年	• 滨海新区建设； • 海河开发基础设施建设，堤岸、公园建设； • 市区内铁路专用线两个环境改造工程； • 北辰宜白公园、河东桥园公园绿地建设
2007年	• 南运河治理工程，绿化建设投资30亿元； • 永定新河治理一期工程，投资10亿元； • 天津运河治理开始（南运河治理工程、永定新河治理一期工程）； • 天津中新天津生态城开始建设
2008年	• 城市公园和大型风景区； • 南水北调中线工程配套、征地工程
2009年	• 大沽河、北塘排水河等7条河道治理； • 蓟运河中心生态城段治理工程
2011年	• 独河、减河治理工程
2012年	• 海河堤岸（春意桥—外环桥段）景观工程项目； • 中港池北护岸公共岸线防潮及生态综合整治工程项目，涉及岸线4.5km，其中绿化面积25.9万m^2，道路面积12.7万m^2，堤岸改造长度约4.5km； • 西青区生态储备林项目，建设总面积21800亩，其中新增造林面积16300亩，改造培育面积5500亩； • 西青区农田水利生态保护工程项目，污染河道治理、污水管网改造工程，部分河道景观、绿化、污水处理厂提升改造工程等； • 宝坻潮白新河综合治理工程项目，潮白新河北堤河堤、堤内河滩地整治，总面积约1万亩
2015年	• 港口发生爆炸事件，安全生产、绿色港口得到加大重视

续表

时间	天津市
2018～2019年	• 天津市于桥水库生态保护工程，项目区占地面积23.61km，工程主要包括：生态恢复工程，主要进行土地整理2631.5hm^2；配套基础设施工程，主要改造水库南路19.6km，新建种植区维护道路86km；配套保护设施工程，主要建设生态保护范围中心1处和分保护站10处； • 天津古海岸与湿地国家级自然保护区湿地生态修复工程：沟渠开挖疏浚工程（疏通环海渠21.8km，疏通干渠15.3km，疏通支渠14.8km，新建水位节制闸及涵管等设施）；生境改善工程（对现有2处鸟岛进行改造，新建18处鸟岛）；植被恢复工程（退化苇田补种1.2万亩，种植水生植物4000亩）；视频监控系统工程（49km环海围栏，配套视频监控设备及电缆敷设，以及中央控制系统）； • 河西区中央绿轴绿化； • 滨海新区和市区中间地带绿色生态屏障造林绿化工程：完成造林绿化35842亩，其中津南区18700亩，东丽区9307亩，滨海新区7000亩，西青区740亩，宁河区95亩； • 天津市武清区生态储备林项目：建设生态储备林40.82万亩，其中集约人工林栽培29.12万亩，现有林改培11.7万亩； • 乡村振兴——绿色农业、农业综合生产能力、农村人居整治
2020年	• 桥北新区生态绿廊、中新天津生态城东堤海滨廊道； • 津南区海河中游绿色生态屏障建设项目； • 宁河区双城中间绿色生态屏障区工程； • 2018年生态储备林一期工程项目； • 国家储备林建设——天津市静海区生态储备林项目（三期工程）； • 东丽区绿色生态屏障区（南片区）储备林工程项目； • 大黄堡湿地自然保护区整改及保护修复项目； • 大黄堡湿地生态移民工程； • 七里海湿地生态整治修复项目； • 天津市于桥水库生态保护工程； • 天津古海岸与湿地国家级自然保护区湿地生态修复工程； • 保税区临港区域中港池北部岸线生态修复项目二期工程； • 天津市永定河综合治理与生态修复工程（水务部分）； • 天津市大黄堡洼蓄滞洪区工程与安全建设； • 天津市农村饮水提质增效工程； • 400hm^{2}滨海湿地修复； • 4km岸线整治修复

续表

时间	河北省
2002年	• 巩固清理和整顿“五小”成果
2003～2004年	• 京津风沙源治理； • 太行山绿化； • 首都水资源可持续利用工程； • 认真实施海河流域污染防治和渤海碧海行动计划； • 加快保定市污水处理二期、石家庄其力生活垃圾处理等环保项目建设； • 加快实施南水北调中线工程，搞好岗南等13座大中型水库除险加固和大清河等5条骨干行洪河道治理； • 加大对农村“六小工程”的支持力度，推广管灌、滴灌、地膜覆盖栽培等一批节水和旱作农业技术，新增节水灌溉面积200万亩； • 继续抓好京津风沙源治理、退耕还林、首都水资源可持续利用等工程
2005～2006年	• 21世纪首都水资源可持续利用工程； • 京津风沙源治理工程； • 退耕还林工程； • 太行山绿化治理工程； • 搞好重点流域污水处理厂、垃圾处理场等项目建设，着力解决海河流域和南水北调工程沿线等水环境污染问题； • 深度治理燃煤烟尘、工业粉尘、施工扬尘和机动车尾气污染
2007年	• 新建一批污水、垃圾处理设施，城市污水、垃圾处理率分别达到65%和55%
2008年	• 在饮用水水源地、自然保护区、森林公园等特殊区域，实行高耗能、高排放行业项目禁（限）批
2009年	• 全面落实城市污水、垃圾收费制度，完善重点流域跨界断面水质生态补偿政策
2010年	• 能源价格疯涨导致产业结构转型滞后； • 筛选确定一批省级低碳城市、园区和企业试点
2011年	• 在烧结机脱硫、烟气脱硝、污水垃圾处理等领域实施200项污染减排项目，抓好重金属污染防治和农村面源污染治理工程； • 开展北戴河及相邻地区海域污染防治和环境综合整治集中行动，确保水质有明显改善； • 推进循环经济示范工程，开展保定低碳城市和石家庄餐厨废弃物资源化利用城市国家级试点
2012年	• 推进沿线环境美化工程，加大铁路、高速公路、国道及省道和景区道路沿线绿化净化工作力度，确保绿色廊道建设不断取得新进展； • 推进生态环境修复工程，继续抓好太行山绿化、沿海防护林建设，启动实施京津风沙源治理二期工程，巩固退耕还林成果； • 推进农村环境综合整治工程，支持农村污水和垃圾处理、街道硬化等基础设施建设，加大农产品产地土壤重金属污染防控力度

时间	河北省
2014年	• 落实山水林田湖生态修复规划，实施增绿工程，规划建设京津保生态过渡带，实施水源保护林、三北和沿海防护林、张家口坝上地区退化林改造、京津风沙源治理等重大生态工程，完成造林合格面积420万亩； • 实施“洁水”工程，加大白洋淀、衡水湖等湖泊湿地生态保护和修复力度，下大力治理官厅、潘大等水库污染，对14条重污染河流进行重点整治； • 实施“蓝天”工程，深化与京津大气联防联控协作机制
2015年	• 继续实施煤电节能减排和煤炭洗选设施升级改造计划，推动各设区市落实燃煤治理和清洁能源替代方案，实施京南8市气化工程，在年耗能5000t以上的重点用能单位开展能效提升行动，大力开展低品味余热暖民工程，全年削减煤炭消费500万t； • 积极发展清洁能源，开展可再生能源就近消纳试点，加快千万千瓦级风电、百万千瓦级光电基地和张家口可再生能源示范区建设，争取沧州海兴核电获得核准，新增风电、光电装机规模各200万kW，天然气供应量达到100亿m^3； • 深入开展生态修复，继续实施山水林田湖整体修复工程，加快南水北调受水区配套工程、引黄入冀补淀工程建设，扩大地下水超采综合治理试点范围。落实国家“水十条”和省内“水五十条”； • 实施海岸、河岸治理； • 打好太行山—燕山绿化和“矿山披绿”三年攻坚战，抓好环京津3个百万亩成片森林建设，全面开展城市森林创建活动，完成造林绿化420万亩； • 承德坝上风电场（丰宁、围场）； • 河北建投新能源有限公司沽源风电制氢综合利用示范（沽源）； • 张家口水源涵养地
2016年	• 全面开展“碧水行动”“净土行动”和绿色河北攻坚行动，持续推进山水林田湖海生态修复，深入实施地下水超采综合治理，推进北戴河及相邻地区近岸海域综合整治工作，加大白洋淀、衡水湖等水体污染治理力度； • 以生活垃圾和污水治理为重点抓好重点区域农村环境整治，推动土壤污染治理取得实效； • 加快实施太行山及燕山绿化攻坚等重点工程，全年完成造林绿化面积420万亩
2017年	• 大力弘扬塞罕坝精神，抓好京津冀风沙源治理、太行山绿化等重点工程，全年营造林917万亩，绿化修复171处主体灭失矿山； • 深化水、土壤污染治理，完成县级以上饮用水源地保护勘界，实施流域水环境目标质量管理，抓好城市黑臭水体治理、白洋淀及衡水湖生态环境综合整治等专项行动，启动污染地块治理修复试点，治理水土流失面积2000km^2以上； • 推进生态文明制度建设。着眼提供更多优质生态产品，测算发布设区市绿色发展指数，编制完成自然资源资产负债表，开展资源环境承载能力评价，完成“三线”划定，建立健全京津冀区域环境监测预警、信息共享和协调联动制度，推进跨区域联合监察、跨界交叉执法和环评会商；加大环保执法力度，对环境问题突出的区域进行专项督察

续表

时间	河北省
2018～2019年	• 张家口市崇礼区奥运基础设施综合建设（崇礼）； • 冬奥会场馆建设（崇礼）； • 张家口市官厅水库国家湿地公园（怀来）； • 白洋淀环境综合整治与生态修复； • 永定河综合治理与生态修复； • 乌拉哈达水库； • 怀来县官厅水库国家湿地公园； • 河北铁路建设（京张高速铁路河北段、崇礼铁路河北段、大张铁路河北段、张呼铁路河北段）； • 张家口市崇礼区奥运基础设施综合建设（崇礼）
2020年	• 长城国家文化公园； • 大运河国家文化公园； • 都市农业：滦平中美友谊示范农场、有机菊苣深加工、昌黎县现代农业示范园、桃城区国际香料小镇、巨鹿现代农业示范园； • 滹沱河生态修复二期； • 崇礼新天风能有限公司，建设风电制氢

注：重大绿色项目信息来源包括北京市历年直接关系群众生活拟办的重要实事（2000～2021年）；北京住房和城乡建设委员会历年重点建设项目专题（2000～2021年）；天津市历年重点建设项目安排意见（2003～2020年）；河北省历年国民经济和社会发展计划执行情况与下一年国民经济和社会发展计划（2001～2020年）；河北省历年省重点项目计划（2015～2020年）；北京市、天津市、河北省历年政府工作报告

参考文献

ANDERSSON K, ANGELSTAM P, ELBAKIDZE M, et al., 2013. Green infrastructures and intensive forestry: Need and opportunity for spatial planning in a Swedish rural-urban gradient [J]. Scandinavian journal of forest research, 28 (2): 143–165.

ANDERSSON E, BARTHEL S, BORGSTROM S, et al., 2014. Reconnecting cities to the biosphere: Stewardship of green infrastructure and urban ecosystem services [J]. *Ambio*, *43* (4): 445–453.

ANGELSTAM P, KHAULYAK O, YAMELYNETS T, et al., 2017. Green infrastructure development at European Union's eastern border: Effects of road infrastructure and forest habitat loss [J]. Journal of environmental management, 193: 300–311.

APOSTOLOPOULOU E, ADAMS W M, 2019. Cutting nature to fit: Urbanization, neoliberalism and biodiversity offsetting in England [J]. Geoforum, 98: 214–225.

APOSTOLOPOULOU E, ADAMS W M, 2015. Neoliberal capitalism and conservation in the post-crisis era: The dialectics of "green" and "un-green" grabbing in Greece and the UK [J]. Antipode, 47 (1): 15–35.

APOSTOLOPOULOU E, ADAMS W, GRECO E, 2019. Biodiversity offsetting and the construction of 'equivalent natures' a Marxist critique [J]. ACME: Au international E-journal for critical geographies, 98: 214–225.

BARANYI G, SAURA S, PODANI J, et al., 2011. Contribution of habitat patches to network connectivity: Redundancy and uniqueness of topological indices [J]. Ecological indicators, 11 (5): 1301–1310.

BARÓ F, GÓMEZ-BAGGETHUN E, HAASE D, 2017. Ecosystem service bundles along the urban-rural gradient: Insights for landscape planning and management [J]. Ecosystem services, 24: 147–159.

BELLEZONI R A, MENG F, HE P, et al., 2021. Understanding and conceptualizing how urban green and blue infrastructure affects the food, water, and energy nexus: A synthesis of the literature [J]. Journal of cleaner production, 289: 125825.

BOUWMA I, SCHLEYER C, PRIMMER E, et al., 2018. Adoption of the ecosystem services concept in EU policies [J]. Ecosystem services, 29: 213–222.

BUIJS A, HANSEN R, VAN DER JAGT S, et al., 2019. Mosaic governance for urban green infrastructure: Upscaling active citizenship from a local government perspective [J]. Urban forestry & urban greening, 40: 53–62.

CAO X, CHEN X H, ZHANG W W, et al., 2016. Global cultivated land mapping at 30 m spatial resolution [J]. Science China (earth sciences) , 59 (12): 2275–2284.

CHEN J, LIU Y, GITAU M W, et al., 2019. Evaluation of the effectiveness of green infrastructure on hydrology and water quality in a combined sewer overflow community [J]. Science of the total environment, 665: 69–79.

COLANTONI A, ZAMBON I, GRAS M, et al., 2018. Clustering or scattering? The spatial distribution of cropland in a Metropolitan Region, 1960–2010 [J]. Sustainability, 10 (7): 2584.

CUSHMAN S A, et al., 2010. The gradient paradigm: A conceptual and analytical framework for landscape ecology, in Spatial complexity, informatics, and wildlife conservation [M]. Heidelberg: Springer.

DAVIES C, LAFORTEZZA R, 2017. Urban green infrastructure in Europe: Is greenspace planning and policy compliant? [J]. Land use policy, 69: 93–101.

DEMPSEY J, ROBERTSON M M, 2012. Ecosystem services: Tensions, impurities, and points of engagement within neoliberalism [J]. Progress in human geography, 36 (6): 758–779.

DEMUZERE M, ORRU K, HEIDRICH O, et al., 2014. Mitigating and adapting to climate change: Multi–functional and multi–scale assessment of green urban infrastructure [J]. Journal of environmental management, 146: 107–115.

EGGERMONT H, BALIAN E, AZEVEDO J M N, et al., 2015. Nature–based solutions: New influence for environmental management and research in Europe [J]. GAIA–ecological perspectives for science and society, 24 (4): 243–248.

ERNST B W, 2014. Quantifying connectivity using graph based connectivity response curves in complex landscapes under simulated forest management scenarios [J]. Forest ecology and management, 321: 94–104.

EVANS J S, CUSHMAN S A, 2009. Gradient modeling of conifer species using random forests [J]. Landsc Ecol, 24 (5): 673–83.

FINIO N, LUNG–AMAM W, KNAAP G J, et al., 2020. Equity, opportunity, community engagement, and the regional planning process: Data and mapping in Five U.S. Metropolitan Areas [J]. Journal of planning education and research, (3) .

FRAZIER A, KEDRON P, 2017. Landscape metrics: Past progress and future directions [J]. Current landscape ecology reports, 2 (3): 63–72.

FRAZIER A, WANG L, 2011. Characterizing spatial patterns of invasive species using sub–pixel classifications [J]. Remote sens environ, 115 (8): 1997–2007.

FRAZIER A E, 2014. A new data aggregation technique to improve landscape metric downscaling [J]. Landsc Ecol, 29 (7): 1261–1276.

GADELMAWLA E, et al., 2002. Roughness parameters [J]. Mater Process Technol, 123 (1): 133–145.

GAVRILIDIS A A, POPA A M, NITA M R, et al., 2020. Planning the “unknown” : Perception of urban green infrastructure concept in Romania [J]. Urban forestry & urban greening, 51: 126.

GAVRILIDIS A A, NIȚĂ M R, ONOSE D A, et al., 2019. Methodological framework for urban sprawl control through sustainable planning of urban green infrastructure [J]. Ecological indicators, 96: 67–78.

GENELETTI D, ZARDO L, 2016. Ecosystem–based adaptation in cities: An analysis of European urban climate adaptation plans [J]. Land use policy, 50: 38–47.

GILL S E, HANDLEY J F, ENNOS A R, et al., 2007, Adapting cities for climate change: The role of the green infrastructure [J]. Built environment, 33 (1): 115–133.

HANSEN R, OLAFSSON A S, VAN DER JAGT A P N, et al., 2019. Planning multifunctional green infrastructure for compact cities: What is the state of practice? [J]. Ecological indicators, 96: 99–110.

HANSEN R, PAULEIT S, 2014. From multifunctionality to multiple ecosystem services? A conceptual framework for multifunctionality in green infrastructure planning for urban areas [J]. Ambio, 43 (4): 516–529.

HERNÁNDEZ A, MIRANDA M, ARELLANO E C, et al., 2015. Landscape dynamics and their effect on the functional connectivity of a Mediterranean landscape in Chile [J]. Ecological indicators, 48: 198–206.

HILL Q, 1975. The methodological worth of the Delphi forecasting technique [J]. Technological forecasting and social change, 7 (2): 179–192.

HORWOOD K, 2011. Green infrastructure: reconciling urban green space and regional economic development: Lessons learnt from experience in England's north–west region [J]. Local environment, 16 (10): 963–975.

IOJĂ C I, GRĂDINARU S R, ONOSE D A, et al., 2014. The potential of school green areas to improve urban green connectivity and multifunctionality [J]. Urban forestry & urban greening, 13 (4): 704–713.

JONES K T, 1998. Scale as epistemology [J]. Political geography, 17 (1): 25–28.

KABISCH N, QURESHI S, HAASE D, 2015. Human–environment interactions in urban green spaces: A systematic review of contemporary issues and prospects for future research [J]. Environmental impact assessment review, 50: 25–34.

KAMBITES C, OWEN S, 2006. Renewed prospects for green infrastructure planning in the UK [J]. Planning, practice & research, 21 (4): 483–496.

KATI V, JARI N, 2016. Bottom–up thinking: Identifying socio–cultural values of ecosystem services in local blue–green infrastructure planning in Helsinki, Finland [J]. Land use policy, 50: 537–547.

KINDLMANN P, BUREL F, 2008. Connectivity measures: A review [J]. Landscape ecology, 23 (8): 879–890.

LE H T K, BUEHLER R, HANKEY S, 2018. Correlates of the built environment and active travel: Evidence from 20 US metropolitan areas [J]. Environmental health perspectives, 126 (7): 77.

LIQUETE C, KLEESCHULTE S, DIGE G, et al., 2015. Mapping green infrastructure based on ecosystem services and ecological networks: A Pan–European case study [J]. Environmental science & policy, 54: 268–280.

LIU L, JENSEN M B, 2018. Green infrastructure for sustainable urban water management: Practices of five forerunner cities [J]. Cities, 74: 126–133.

LIU S L, DENG L, DONG S K, et al., 2014. Landscape connectivity dynamics based on network analysis in the Xishuangbanna Nature Reserve, China [J]. Acta oecologica, 55: 66–77.

MADUREIRA H, NUNES F, OLIVEIRA J V, et al., 2015. Urban residents' beliefs concerning green space benefits in four cities in France and Portugal [J]. Urban forestry & urban greening, 14 (1): 56–64.

MAES J, BARBOSA A, BARANZELLI C, et al., 2015. More green infrastructure is required to maintain ecosystem services under current trends in land–use change in Europe [J]. Landscape ecology, 30 (3): 517–534.

MAES J, JACOBS S, 2017. Nature–based solutions for Europe's sustainable development [J]. Conservation letters, 10 (1): 121–124.

MANNING A D, LINDENMAYER D B, NIX H A, 2004. Continua and Umwelt: Novel perspectives on viewing landscapes [J]. Oikos, 104 (3): 621–628.

MANSON S M, 2008. Does scale exist? An epistemological scale continuum for complex human–environment systems [J]. Geoforum, 39 (2): 776–788.

MCGARIGAL K, TAGIL S, CUSHMAN S A, 2009. Surface metrics: An alternative to patch metrics for the quantification of landscape structure [J]. Landscape ecology, 24 (3): 433–450.

MCINTYRE S, BARRETT G, 1992. Habitat variegation, an alternative to fragmentation [J]. Conservation biology, 6 (1): 146–7

MCINTYRE S, HOBBS R, 1999. A framework for conceptualizing human effects on landscapes and its relevance to management and research models [J]. Conservation biology, 13 (6): 1282–1292.

MEEROW S, NEWELL J P, 2017. Spatial planning for multifunctional green infrastructure: Growing resilience in Detroit [J]. Landscape and urban planning, 159: 62–75.

MEI C, LIU J, WANG H, et al.,2018. Integrated assessments of green infrastructure for flood mitigation to support robust decision–making for sponge city construction in an urbanized watershed [J]. Science of the total environment, 639: 1394–1407.

MEKALA G D, MACDONALD D H, 2018. Lost in transactions: Analysing the institutional arrangements underpinning urban green infrastructure [J]. Ecological economics, 147: 399–409.

MELL I C, HENNEBERRY J, HEHL–LANGE S, et al., 2013. Promoting urban greening: Valuing the development of green infrastructure investments in the urban core of Manchester, UK [J]. Urban forestry & urban greening, 12 (3): 296–306.

MELL I C, 2014. Aligning fragmented planning structures through a green infrastructure approach to urban development in the UK and USA [J]. Urban forestry & urban greening, 13 (4): 612–620.

MELL I, ALLIN S, REIMER M, et al., 2017. Strategic green infrastructure planning in Germany and the UK: A transnational evaluation of the evolution of urban greening policy and practice [J]. International planning studies, 22 (4): 333–349.

MELL I, 2020. The impact of austerity on funding green infrastructure: A DPSIR evaluation of the Liverpool Green & Open Space Review (LG & OSR) , UK [J]. Land use policy, 91: 104–150.

NEWELL J P, SEYMOUR M, YEE T, et al., 2013. Green alley programs: Planning for a sustainable urban infrastructure? [J]. Cities, 31: 144–155.

O'BRIEN D, MANSEAU M, FALL A, et al., 2006. Testing the importance of spatial configuration of winter habitat for woodland caribou: An application of graph theory [J]. Biological conservation, 130 (1): 70–83.

PASCUAL–HORTAL L, SAURA S, 2006. Comparison and development of new graph–based landscape connectivity indices: Towards the priorization of habitat patches and corridors for conservation [J]. Landscape ecology, 21 (7): 959–967.

PAULEIT S, AMBROSE–OJI B, ANDERSSON E, et al., 2019. Advancing urban green infrastructure in Europe: Outcomes and reflections from the Green Surge project [J]. Urban forestry & urban greening, 40: 4–16.

PAULEIT S, HANSEN R, RALL E L, et al., 2017. Urban landscapes and green infrastructure [R]. Oxford Research Encyclopedia of Environmental Science.

REIMER M, RUSCHE K, 2019. Green infrastructure under pressure: A global narrative between regional vision and local implementation [J]. European planning studies, 27 (8): 1542–1563.

SAURA S, ESTREGUIL C, MOUTON C, et al., 2011. Network analysis to assess landscape connectivity trends: Application to European forests (1990–2000) [J]. Ecological indicators, 11 (2): 407–416.

SAURA S, PASCUAL–HORTAL L, 2007. A new habitat availability index to integrate connectivity in landscape conservation planning: Comparison with existing indices and application to a case study [J]. Landscape and urban planning, 83 (2 /3): 91–103.

SAURA S, TORNÉ J, 2009. Conefor Sensinode 2. 2: A software package for quantifying the importance of habitat patches for landscape connectivity [J]. Environmental modelling & software, 24 (1): 135–139.

SHANTHALA DEVI B S, MURTHY M S R, DEBNATH B, et al., 2013. Forest patch connectivity diagnostics and prioritization using graph theory [J]. Ecological modelling, 251: 279–287.

SMITH N, JOHNSTON R J, et al., 2000. The dictionary of human geography [M]. Oxford, UK: Blackwell.

SUTCLIFFE L M E, BATÁRY P, KORMANN U, et al., 2015. Harnessing the biodiversity value of central and eastern European farmland [J]. Diversity and distributions, 21 (6): 722–730.

Thomas & Littlewood, 2010, From green belts to green infrastructure? The evolution of a new concept in the emerging soft governance of spatial strategies [J]. Planning practice & research, 25: 2, 203–222.

VALLECILLO S, POLCE C, BARBOSA A, et al., 2018. Spatial alternatives for green infrastructure planning across the EU: An ecosystem service perspective [J]. Landscape and urban planning, 174: 41–54.

TURNER M G, DALEVH, GARDNER R H, 1989. Predicting across scales: theory development and testing [J]. Landscape ecology, 3: 245–252.

VAN OIJSTAEIJEN W, VAN PASSEL S, COOLS J, 2020. Urban green infrastructure: A review on valuation toolkits from an urban planning perspective [J]. Journal of environmental management, 267: 110.

VANDERMEULEN V, VERSPECHT A, VERMEIRE B, et al., 2011. The use of economic valuation to create public support for green infrastructure investments in urban areas [J]. Landscape and urban planning, 103 (2): 198–206.

WANG J, BANZHAF E, 2018. Towards a better understanding of green infrastructure: A critical review [J]. Ecological indicators, 85: 758–772.

WANG J, XU C, PAULEIT S, et al., 2019. Spatial patterns of urban green infrastructure for equity: A novel exploration [J]. Journal of cleaner production, 238: 117–132.

WRIGHT H, 2011. Understanding green infrastructure: The development of a contested concept in England [J]. Local environment, 16 (10): 1003–1019.

ZHANG Z, MEEROW S, NEWELL J P, et al., 2019. Enhancing landscape connectivity through multifunctional green infrastructure corridor modeling and design [J]. Urban forestry & urban greening, 38: 305–317.

阿迪力江・买买提，2020. 浅析塔里木河流域综合治理及生态输水成效［J］. 水电与新能源，34（7）：57–59，63.

安超，沈清基，2013. 基于空间利用生态绩效的绿色基础设施网络构建方法［J］. 风景园林，（2）：22–31.

昂琳，2017．煤炭资源型城市增长边界划定研究——以淮南市为例［D］．合肥：安徽建筑大学．

白桦，2020．海绵城市防洪减涝效应评价模型及其应用［D］．北京：中国科学院大学（中国科学院教育部水土保持与生态环境研究中心）．

边兰春，2021．营造美好人居求真求善求美［N］．中国自然资源报，05-07（003）．

蔡玉梅，黄宏源，王国力，等，2015．欧盟标准地域统计单元划分方法及启示［J］．国土与自然资源研究，（1）：79-82．

蔡云楠，温钊鹏，雷明洋，2016．"海绵城市"视角下绿色基础设施体系构建与规划策略［J］．规划师，32（12）：12-18．

曹越，龙瀛，杨锐，2017．中国大陆国土尺度荒野地识别与空间分布研究［J］．中国园林，（6）：26-33．

曾明颖，顾凡强，王仁睿，2021．不同水生植物种植模式对富营养化水体的净化效果研究［J］．四川农业大学学报，39（5）：674-680．

曾鹏，王晶，2014．滨海城市土地利用模式与碳排放关系研究——以大连市为例［J］．天津大学学报（社会科学版），16（3）：199-204．

曾鹏，朱柳慧，蔡良娃，2019．基于三生空间网络的京津冀地区镇域乡村振兴路径［J］．规划师，35（15）：60-66．

曾鹏，2021．赞天地化育 参道法自然［N］．中国自然资源报，05-07（003）．

曾照云，程晓康，2016．德尔菲法应用研究中存在的问题分析——基于38种CSSCI（2014—2015）来源期刊［J］．图书情报工作，60（16）：116-120．

常兆丰，刘世增，王祺，等，2018．沙漠、戈壁光伏产业防沙治沙的生态功能——以甘肃河西走廊为例［J］．生态经济，34（8）：199-202，208．

车乐，吴志强，邓小兵，2015．知识与生态关联视角下的城市空间竞争发展［J］．城市规划学刊，（4）：28-34．

陈春娣，贾振毅，吴胜军，等，2017．基于文献计量法的中国景观连接度应用研究进展［J］．生态学报，37（10）：3243-3255．

陈杰，梁国付，丁圣彦，2012．基于景观连接度的森林景观恢复研究——以巩义市为例［J］．生态学报，32（12）：3773-3781．

陈康林，龚建周，陈晓越，等，2016．广州城市绿色空间与地表温度的格局关系研究［J］．生态环境学报，25（5）：842-849．

陈沛璇，2021．生态护岸在新大河小流域综合整治工程中的应用［J］．黑龙江水利科技，49（4）：167-170，246．

陈上杰，牛健植，韩旖旎，等，2015．道路绿化带内大气PM（2.5）质量浓度变化特征［J］．水土保持学报，29（2）：100-105．

陈娱，金凤君，陆玉麒，等，2017．京津冀地区陆路交通网络发展过程及可达性演变特征［J］．地理学报，72（12）：2252-2264．

程帆，顾康康，杨倩倩，等，2018．基于要素识别的多层级绿色基础设施网络构建——以合肥市为例［J］．安徽建筑大学学报，26（5）：52-58．

程帆，2019．基于多功能评估的城市绿色基础设施网络构建——以安庆市为例［D］．合肥：

安徽建筑大学.

仇保兴，2010．建设绿色基础设施，迈向生态文明时代——走有中国特色的健康城镇化之路［J］．中国园林，26（7）：1-9.

崔晓，赵媛媛，丁国栋，等，2018．京津风沙源治理工程区植被对沙尘天气的时空影响［J］．农业工程学报，34（12）：171-179，310.

崔学刚，方创琳，李君，等，2019．城镇化与生态环境耦合动态模拟模型研究进展［J］．地理科学进展，38（1）：111-125.

达周才让，牛萌，何俊超，等，2021．基于区域雨洪调控的中央公园海绵系统设计方法研究——以沣西新城大西安中央公园为例［J］．中国园林，37（5）：80-85.

戴菲，陈明，朱晟伟，2017．消减颗粒物空气污染的城市街区尺度绿色基础设施规划设计研究——以武汉主城区为例［C］//中国风景园林学会．中国风景园林学会2017年会论文集.

戴慎志，曹凯，2012．我国城市防洪排涝对策研究［J］．现代城市研究，27（1）：21-22，28.

戴慎志，冯浩，赫磊，等，2019．我国大城市总体规划修编中防灾规划编制模式探讨——以武汉市为例［J］．城市规划学刊，（1）：91-98.

戴慎志，2017．高地下水位城市的海绵城市规划建设策略研究［J］．城市规划，41（2）：57-59.

戴慎志，2018．增强城市韧性的安全防灾策略［J］．北京规划建设，（2）：14-17.

翟国方，崔功豪，谢映霞，等，2015．风险社会与弹性城市［J］．城市规划，39（12）：107-112.

翟国方，邹亮，马东辉，等，2018．城市如何韧性［J］．城市规划，42（2）：42-46，77.

翟国方，2011．规划，让城市更安全［J］．国际城市规划，26（4）：1-2.

翟国方，2016．韧性城市建设须提上议事日程［J］．城市规划，40（4）：110-112.

翟俊，2012．协同共生：从市政的灰色基础设施、生态的绿色基础设施到一体化的景观基础设施［J］．规划师，28（9）：71-74.

董翠芳，梁国付，丁圣彦，等，2014．不同干扰背景下景观指数与物种多样性的多尺度效应——以巩义市为例［J］．生态学报，34（12）：3444-3451.

董菁，左进，李晨，等，2018．城市再生视野下高密度城区生态空间规划方法——以厦门本岛立体绿化专项规划为例［J］．生态学报，38（12）：4412-4423.

董珂，2008．生态城市的哲学内涵与规划实践——以中新天津生态城总体规划为例［C］//中国城市规划学会．生态文明视角下的城乡规划——2008中国城市规划年会论文集.

董珂，2019．以“致力于绿色发展的城乡建设”推动城市竞争力提升［N］．中国建设报，11-07（006）.

董珂，2017．绿色生态城市理念的三大悖论［J］．环境经济，（7）：54-55.

董慰，戴锏，谭卓琳，等，2017．生态与产业相契城市与乡村共生——呼伦贝尔市城郊型新镇区发展路径探索［J］．城市建筑，（12）：124-127.

董禹，李珍，董慰，2020．城市住区绿地感知与居民压力水平的关系研究——以哈尔滨市12个住区为例［J］．风景园林，27（2）：88-93.

杜群，2018．中国法律中的森林定义——兼论法律保护森林资源生态价值的迫切性［J］．资源科学，40（9）：1878-1889.

杜志博，李洪远，孟伟庆，2019．天津滨海新区湿地景观连接度距离阈值研究［J］．生态学报，39（17）：6534–6544．

樊杰，王亚飞，梁博，2019．中国区域发展格局演变过程与调控［J］．地理学报，74（12）：2437–2454．

范丹，王明旭，2019．国际三大湾区环境保护对粤港澳大湾区的经验启示［J］．环境科学与管理，44（4）：13–16．

方创琳，周成虎，顾朝林，等，2016．特大城市群地区城镇化与生态环境交互耦合效应解析的理论框架及技术路径［J］．地理学报，71（4）：531–550．

方创琳，王岩，2015．中国城市脆弱性的综合测度与空间分异特征［J］．地理学报，70（2）：234–247．

封建民，李晓华，2011．五陵原景观空间格局动态分析［J］．水土保持研究，（3）：68–72．

冯矛，张涛，2018．基于生态安全格局的山地流域城市绿色基础设施规划——以广元中心城区为例［C］．中国城市规划学会．共享与品质——2018中国城市规划年会论文集．

冯鹏飞，于新文，张旭，2015．北京地区不同植被类型空气负离子浓度及其影响因素分析［J］．生态环境学报，24（5）：818–824．

富伟，刘世梁，崔保山，等，2009．景观生态学中生态连接度研究进展［J］．生态学报，29（11）：6174–6182．

干靓，2013．城乡可持续发展［J］．城市规划学刊，（5）：125–126．

高蕾，2019．伦敦市规划的公众参与：所有伦敦人的家园［J］．城市规划学刊，2018（1）：124–125．

龚清宇，王林超，朱琳，2007．基于城市河流半自然化的生态防洪对策——河滨缓冲带与柔性堤岸设计导引［J］．城市规划，（3）：51–57，63．

顾朝林，谭纵波，刘宛，等，2009．气候变化、碳排放与低碳城市规划研究进展［J］．城市规划学刊，181（3）：38–45

顾朝林，谭纵波，刘志林，等，2017．基于低碳理念的城市规划研究框架［J］．城市与区域规划研究，9（3）：225–244．

顾朝林，2011．城市群研究进展与展望［J］．地理研究，30（5）：771–784．

郭屹岩，郑辽吉，李钢，2020．绿色减贫为导向的乡村绿色基础设施网络构建——以宽甸满族自治县为例［J］．辽东学院学报（自然科学版），27（1）：45–52．

韩昊英，龙瀛，2010．绿色还是绿地？——北京市第一道绿化隔离带实施成效研究［J］．北京规划建设，（3）：59–63．

韩宗祎，田禹，郝清，2017．北方干旱地区海绵城市建设体系研究——以锡林浩特市为例［C］//中国城市规划学会．持续发展 理性规划——2017中国城市规划年会论文集．

郝庆，邓玲，封志明，2021．面向国土空间规划的“双评价”：抗解问题与有限理性［J］．自然资源学报，36（3）：541–551．

何永雄，2016．绿色城市生态基础设施建设探讨——以洲头咀隧道为例［J］．住宅与房地产，（36）：88–89．

何月，2020．GI理论视角下的城市河道景观生态修复研究［D］．青岛：青岛理工大学．

何云玲，张淑洁，李同艳，2018．昆明市中部城—郊—乡土地梯度带的划分及景观分异

［J］．长江流域资源与环境，（9）：2022–2030.

贺璟寰，2014．城市规划实施评估的两种视角［J］．国际城市规划，29（1）：80–86.

贺裔闻，2020．基于水量调节服务评估的武汉市绿色基础设施空间格局优化研究［D］．武汉：华中农业大学.

胡飞，余亦奇，郑玥，等，2018．生态保护红线划定方法研究［J］．规划师，34（5）：108–114.

胡庭浩，常江，拉尔夫–乌韦・思博，2021．德国绿色基础设施规划的背景、架构与实践［J］．国际城市规划，36（1）：109–119.

胡庭浩，2020．黄淮东部地区煤炭资源型城市绿色基础设施构建研究——以徐州为例［D］．徐州：中国矿业大学.

黄俊达，王云才，2020．基于景观格局表征的绿色基础设施降温效应研究——以太原市六城区为例［C］//中国风景园林学会．中国风景园林学会2020年会论文集（上册）.

黄森旺，李晓松，吴炳方，等，2012．近25年三北防护林工程区土地退化及驱动力分析［J］．地理学报，67（5）：589–598.

黄亚平，卢有朋，单卓然，等，2019．武汉市主城区热岛空间格局及其影响因素研究［J］．城市规划，43（4）：41–47，52.

黄媛媛，李博，孙成，2020．基于公共健康、公共安全角度下绿色基础设施对城市滨水空间活力的重塑——以长株潭城市群为例［J］．中外建筑，（11）：30–38.

贾行飞，戴菲，2015．我国绿色基础设施研究进展综述［J］．风景园林，（8）：118–124.

姜成晟，王劲峰，曹志冬，2009．地理空间抽样理论研究综述［J］．地理学报，64（3）：368–380.

姜磊，岳德鹏，曹睿，等，2012．北京市朝阳区景观连接度距离阈值研究［J］．林业调查规划，37（2）：18–22，32.

解松芳，2015．草原公路路域景观对驾驶员动态视觉特性的影响研究［D］．呼和浩特：内蒙古农业大学.

金磊，2001．绿色生态建筑与屋顶绿化［J］．建筑，（9）：59–60.

孔佩儒，陈利顶，孙然好，等，2018．海河流域面源污染风险格局识别与模拟优化［J］．生态学报，38（12）：4445–4453.

来雪文，2018．基于绿色基础设施空间规划模型的城市河流廊道景观优化研究——以成都市为例［D］．成都：西南交通大学.

冷红，陈曦，马彦红，2020．城市形态对建筑能耗影响的研究进展与启示［J］．建筑学报，（2）：120–126.

李百浩，王玮，2007．深圳城市规划发展及其范型的历史研究［J］．城市规划，（2）：70–76.

李百浩，邹涵，2012．艾伯克隆比与香港战后城市规划［J］．城市规划学刊，（1）：108–113.

李伯涛，马海涛，龙军，2009．环境联邦主义理论述评［J］．财贸经济，（10）：131–135.

李迪华，2019．城市建成区绿地率并非越高越好［J］．重庆建筑，18（2）：27.

李迪华，2012．绿道作为国家与地方战略 从国家生态基础设施、京杭大运河国家生态与遗产廊道到连接城乡的生态网络［J］．风景园林，（3）：49–54.

李迪华，2016．碎片化是生物多样性保护的最大障碍［J］．景观设计学，4（3）：34–39.

李根生，韩民春，2015. 财政分权、空间外溢与中国城市雾霾污染：机理与证据［J］. 当代财经，(6)：26-34.

李国平，罗心然，2017. 京津冀地区人口与经济协调发展关系研究［J］. 地理科学进展，36(1)：25-33.

李和平，梁洪，2019. 我国城市湿地公园保护立法研究［J］. 中国园林，35(1)：46-50.

李凯，侯鹰，SKOV-PETERSEN H，等，2021. 景观规划导向的绿色基础设施研究进展——基于"格局—过程—服务—可持续性"研究范式［J］. 自然资源学报，36(2)：435-448.

李空明，李春林，曹建军，等，2021. 基于景观生态学和形态学的辽宁中部城市群绿色基础设施20年时空格局演变［J］. 生态学报，21：1-13.

李昆，王玲，孙伟，等，2020. 城市化下景观格局对河流水质变化的空间尺度效应分析［J］. 环境科学学报，40(1)：343-352.

李乐卉，GALAGODA R U，JAYASINGHE G Y，等，2018. 城市绿色基础设施对热带微气候变化和人体热舒适感的影响［J］. 城市规划学刊，(5)：124-125.

李楠，肖克炎，宋相龙，等，2015. 地质对象表面模型的矢量缓冲区分析算法及其在矿产资源定量评价中的应用［J］. 地球学报，36(6)：790-798.

李强，2019. "后巴黎时代"中国的全球气候治理话语权构建：内涵、挑战与路径选择［J］. 国际论坛，21(6)：3-14，155.

李巧芸，杨建华，2018. 城市蔓延语境下的绿色基础设施规划实践——以福州市为例［J］. 建筑与文化，(2)：145-146.

李少华，高琪，王学全，等，2016. 光伏电厂干扰下高寒荒漠草原区植被和土壤变化特征［J］. 水土保持学报，30(6)：325-329.

李婷婷，2019. 融合农业和生态旅游产业的哈尔滨市太平镇绿色基础设施优化方法研究［D］. 哈尔滨：哈尔滨工业大学.

李伟，2006. 城市形态转换中的生态配置优化——以成都10大环城郊野公园建设为例［J］. 城市发展研究，(1)：52-56，62.

李香菊，赵娜，李康，2016. 环保技术联盟、产品异质性与环境税政策选择——基于政府承诺与政府不承诺的博弈研究［J］. 中国地质大学学报（社会科学版），16(2)：74-87.

李迅，董珂，谭静，等，2018. 绿色城市理论与实践探索［J］. 城市发展研究，25(7)：13-23.

李雅，2018. 绿色基础设施视角下城市河道生态修复理论与实践——以西雅图为例［J］. 国际城市规划，33(3)：41-47.

李艳利，李艳粉，徐宗学，等，2015. 浑太河上游流域河岸缓冲区景观格局对水质的影响［J］. 生态与农村环境学报，31(1)：59-68.

李屹，2019. 目标与容量控制相结合的海河干流水质适应性管控技术研究［D］. 天津：天津大学.

李莹莹，黄成林，张玉，2016. 快速城市化背景下上海绿色空间景观格局梯度及其多样性时空动态特征分析［J］. 生态环境学报，25(7)：1115-1124.

李咏华，马淇蔚，范雪怡，2017. 基于绿色基础设施评价的城市生态带划定——以杭州市为例［J］. 地理研究，36(3)：583-591.

李咏华，马淇蔚，范雪怡，2019. 基于绿色基础设施评价的田园山水城市研究——以杭州市为例［J］. 城市规划，43（5）：98-106.

李远，2016. 城市绿色基础设施（GI）网络构建与规划策略研究——四川天府新区为例［D］. 成都：四川农业大学.

李振瑜，2017. 基于干扰源识别的资源型城市绿色基础设施网络优化研究——以武安市为例［D］. 北京：中国地质大学（北京）.

梁龙武，王振波，方创琳，等，2019. 京津冀城市群城市化与生态环境时空分异及协同发展格局［J］. 生态学报，39（4）：1212-1225.

廖启鹏，许红梅，刘欣冉，2021. 面向绿色基础设施体系优化的矿业废弃地再生研究：以大冶为例［J］. 地质科技通报，40（4）：214-223.

林坚，李东，杨凌，等，2019. "区域—要素"统筹视角下"多规合一"实践的思考与展望［J］. 规划师，35（13）：28-34.

林坚，叶子君，2019. 绿色城市更新：新时代城市发展的重要方向［J］. 城市规划，43（11）：9-12.

林乃锋，2018. 绿色街道评价指标体系构建与实例研究——以慈城新城为例［D］. 合肥：安徽建筑大学.

凌德泉，毕硕本，左颖，等，2019. 缓冲区分析综合模型构建研究［J］. 测绘科学，44（9）：47-53.

刘冰玉，刘馨月，金兆怀，2018. 财政分权、人口流动与基本公共服务供给——基于空间面板模型的实证分析［J］. 内蒙古社会科学（汉文版），39（5）：121-127.

刘常富，周彬，何兴元，等，2010. 沈阳城市森林景观连接度距离阈值选择［J］. 应用生态学报，21（10）：2508-2516.

刘海猛，方创琳，黄解军，等，2018. 京津冀城市群大气污染的时空特征与影响因素解析［J］. 地理学报，73（1）：177-191.

刘欢，张晨，2018. 财政分权和人口流动对地方软公共品供给的影响［J］. 城市问题，（6）：73-79，87.

刘娇，黄显峰，方国华，等，2018. 基于GIS缓冲区功能的塔里木河中游植被指数时空变化分析［J］. 干旱区研究，35（1）：171-180.

刘青，杨天姣，2021. 北京城市总体规划与第一道绿化隔离地区空间演进研究［J］. 北京规划建设，（4）：71-74.

刘颂，何蓓，2017. 基于MSPA的区域绿色基础设施构建——以苏锡常地区为例［J］. 风景园林，（8）：98-104.

刘颂，毛家怡，沈洁，2017. 基于SWMM的场地绿色雨水基础设施水文效应评估——以同济大学校园为例［J］. 风景园林，（1）：60-65.

刘同臣，2019. 枣庄市绿色基础设施的演变规律及优化策略研究［D］. 徐州：中国矿业大学.

刘维，周忠学，郎睿婷，2021. 城市绿色基础设施生态系统服务供需关系及空间优化——以西安市为例［J］. 干旱区地理，44（5）：1500-1513.

刘伟毅，2016. 城市滨水缓冲区划定及其空间调控策略研究［D］. 武汉：华中科技大学.

刘晓惠，李常华，2009．郊野公园发展的模式与策略选择［J］．中国园林，（3）：79-82．

刘新宇，2012．北京奥运的环保遗产传承［J］．环境经济，（7）：14-17．

刘淼序，王仰麟，彭建，等，2015．城郊聚落景观的集聚特征分析方法选择研究［J］．地理科学，（6）：674-682．

刘阳，倪永薇，郑曦，2019．基于GI-ES评估模型的城市绿色基础设施供需平衡规划——以北京市中心城区为例［C］//中国风景园林学会．中国风景园林学会2019年会论文集（上册）．

刘怡娜，孔令桥，肖燚，等，2019．长江流域景观格局与生态系统水质净化服务的关系［J］．生态学报，（3）：844-852．

刘元春，张杰，2018．首都减量发展的新时代创新价值［N］．北京日报，06-11（014）．

刘云刚，王丰龙，2011．尺度的人文地理内涵与尺度政治——基于1980年代以来英语圈人文地理学的尺度研究［J］．人文地理，26（3）：1-6．

龙瀛，毛其智，杨东峰，等，2011．城市形态、交通能耗和环境影响集成的多智能体模型［J］．地理学报，66（8）：1033-1043．

龙瀛，毛其智，沈振江，等，2010．北京城市空间发展分析模型［J］．城市与区域规划研究，3（2）：180-212．

卢涛，彭瑶玲，何波，等，2019．生态导向下渝东北城镇群空间规划策略［J］．规划师，35（18）：68-74．

陆大道，2015．京津冀城市群功能定位及协同发展［J］．地理科学进展，34（3）：265-270．

栾博，殷瑞雪，徐鹏，等，2019．基于绿色基础设施的城市非点源污染控制研究［J］．中国环境科学，39（4）：1705-1714．

罗海明，张媛明，2007．美国大都市区划分指标体系的百年演变［J］．国际城市规划，（5）：58-64．

罗睿瑶，2020．基于城市风道构建原理的城市绿色基础设施布局优化研究——以成都为例［D］．成都：成都理工大学．

罗毅，邓琼飞，杨昆，等，2018．近20年来中国典型区域PM（2.5）时空演变过程［J］．环境科学，39（7）：3003-3013．

吕斌，曹娜，2011．中国城市空间形态的环境绩效评价［J］．城市发展研究，18（7）：38-46．

吕斌，刘津玉，2011．城市空间增长的低碳化路径［J］．城市规划学刊，（3）：33-38．

吕斌，佘高红，2006．城市规划生态化探讨——论生态规划与城市规划的融合［J］．城市规划学刊，（4）：29-29．

吕斌，孙婷，2013．低碳视角下城市空间形态紧凑度研究［J］．地理研究，32（6）：1057-1067．

马爽，龙瀛，2018．基于绿色基础设施的中国收缩城市正确规模模型［J］．西部人居环境学刊，33（3）：1-8．

马妍，马琦伟，李苗裔，等，2018．基于社区生活圈尺度的城市绿色基础设施空间分布与居民就医行为关系研究——以福州市中心城区为例［J］．风景园林，25（8）：36-40．

毛齐正，王鲁豫，柳敏，等，2021．城市居住区多功能绿地景观的景感生态学效应研究［J］．生态学报，（19）：1-12．

蒙吉军，王晓东，尤南山，等，2016．黑河中游生态用地景观连接性动态变化及距离阈值

［J］. 应用生态学报，27（6）：1715-1726.

蒙小英，李春蕾，杨子莹，2019. 生态语境下交通廊道对城市空间割裂程度研究模型的建构［J］. 上海城市规划，(1)：27-32.

孟原旭，王琛，2013. 基于绿色基础设施的绿地系统规划方法探析［J］. 规划师，29（9）：57-62.

宁越敏，查志强，1999. 大都市人居环境评价和优化研究——以上海市为例［J］. 城市规划，23（6）：15-20.

牛志广，崔珍珍，陈彦熹，2014. 低冲击开发模式基础措施性能研究现状及进展［J］. 安全与环境学报，14（6）：320-325.

钮心毅，宋小冬，高晓昱，2008. 土地使用情景：一种城市总体规划方案生成与评价的方法［J］. 城市规划学刊，(4)：64-69.

潘海啸，沈俊逸，2014. 城市转型中的节能减排与可持续发展［J］. 上海城市管理，23（6）：20-23.

潘海啸，2010. 面向低碳的城市空间结构——城市交通与土地使用的新模式［J］. 城市发展研究，17（1）：40-45.

裴丹，2012. 绿色基础设施构建方法研究述评［J］. 城市规划，36（5）：84-90.

彭羽，薛达元，刘美珍，等，2012. 浑善达克榆树疏林自然保护区缓冲区宽度研究（英文）［J］. 中山大学学报（自然科学版），51（5）：78-85.

浦鹏，2017. 气候适应视角下城市水系统综合规划探索与实践——以成都天府空港新城“净零”策略为例［C］//中国城市科学研究会2017城市发展与规划论文集.

齐珂，樊正球，2016. 基于图论的景观连接度量化方法应用研究——以福建省闽清县自然森林为例［J］. 生态学报，36（23）：7580-7593.

齐童，曾瑶，张凡，2010. 国内外郊野公园研究综述［J］. 城市问题，(12)：28-33.

钱晶，2020. 长三角城市群绿色基础设施时空格局变化特征研究［D］. 杭州：浙江大学.

权亚玲，2010. 基于低碳目标的城市发展对策研究——以斯德哥尔摩哈默比湖城规划与建设为例［J］. 现代城市研究，25（8）：22-29.

任唤麟，2017. 跨区域线性文化遗产类旅游资源价值评价——以长安—天山廊道路网中国段为例［J］. 地理科学，37（10）：1560-1568.

尚晓晓，2020. 绿色基础设施生态系统服务价值变化研究——以长三角一体化示范区为例［D］. 上海：上海师范大学.

邵大伟，刘志强，王俊帝，2016. 国外绿色基础设施研究进展述评及其启示［J］. 规划师，32（12）：5-11.

邵永昌，庄家尧，李二焕，等，2015. 城市森林冠层对小气候调节作用［J］. 生态学杂志，34（6）：1532-1539.

沈清基，安超，刘昌寿，2010. 低碳生态城市的内涵，特征及规划建设的基本原理探讨［J］. 城市规划学刊，(5)：48-57.

沈清基，2005.《加拿大城市绿色基础设施导则》评介及讨论［J］. 城市规划学刊，(5)：98-103.

沈清基，2011. 城市生态环境：原理，方法与优化 [M]. 北京：中国建筑工业出版社.

沈清基，2013. 论基于生态文明的新型城镇化［J］. 城市规划学刊，（1）：29–36.

石铁矛，卜英杰，2021. 多尺度绿地景观格局对滞蓄能力的影响研究［J］. 风景园林，28（3）：88–94.

石铁矛，高杨，李绥，2019. 多规合一的大石桥市生态修复规划框架研究［J］. 沈阳建筑大学学报（社会科学版），21（1）：1–7.

石铁矛，潘续文，高畅，等，2013. 城市绿地释氧能力研究［J］. 沈阳建筑大学学报（自然科学版），29（2）：349–354.

宋劲松，罗小虹，2006. 从"区域绿地"到"政策分区"——广东城乡区域空间管治思想的嬗变［J］. 城市规划，（11）：51–56.

宋立宁，朱教君，闫巧玲，2009. 防护林衰退研究进展. 生态学杂志，28（9）：1684–1690.

宋小冬，易嘉，2007. 关于城市交通分区合理性的基础研究［J］. 城市规划学刊，（4）：85–91.

苏同向，2019. 扬州城乡绿色基础设施网络规划研究［J］. 园林，（4）：7–11.

苏伟忠，汝静静，杨桂山，2019. 流域尺度土地利用调蓄视角的雨洪管理探析［J］. 地理学报，74（5）：948–961.

孙东琪，张京祥，朱传耿，等，2012. 中国生态环境质量变化态势及其空间分异分析［J］. 地理学报，67（12）：1599–1610.

孙施文，2020. 从城乡规划到国土空间规划［J］. 城市规划学刊，（4）：11–17.

孙施文，2020. 国土空间规划的知识基础及其结构［J］. 城市规划学刊，（6）：11–18.

孙施文，2021. 我国城乡规划学科未来发展方向研究［J］. 城市规划，45（2）：23–35.

孙施文，2016. 中国城乡规划学科发展的历史与展望［J］. 城市规划，40（12）：106–112.

孙喆，2019. 北京市第一道绿化隔离带区域热环境特征及绿地降温作用［J］. 生态学杂志，38（11）：3496–3505.

谭传东，2019. 绿色基础设施视角下的城市生态系统服务额外需求评估——以武汉市中心城区为例［D］. 武汉：华中农业大学.

谭琪，刘丽君. 2020. 已建公园的绿色基础设施设计途径探析——以广西百色市半岛公园为例［C］//中国风景园林学会. 中国风景园林学会2020年会论文集（上册）.

谭少华，赵万民，2007. 绿道规划研究进展与展望［J］. 中国园林，23（2）：85–89.

唐任伍，李楚翘，2017. 国外公共经济学研究的最新进展和发展趋势［J］. 经济学动态（8）：109–123.

唐晓岚，杜瑶，2011. 干旱区生态治理及绿色基础设施构建——以新疆塔里木河下游为例［J］. 干旱区研究，28（3）：413–420.

唐子来，2000. 从城乡规划到环境规划：可持续发展的规划思考［J］. 城市规划汇刊，（2）：75–76.

汪光焘，2019. 对未来城市绿色发展的四点建议［N］. 经济参考报，07-10（005）.

汪婷娟，2018. 基于绿色基础设施理念的城郊湿地公园设计研究［D］. 杭州：浙江农林大学.

王冰意，2018. 基于绿色基础设施理念的小城镇公园设计研究［D］. 杭州：浙江农林大学.

王丰龙，刘云刚，2017. 尺度政治理论框架［J］. 地理科学进展，36（12）：1500–1509.

王甫园，王开泳，2019. 珠江三角洲城市群区域绿道与生态游憩空间的连接度与分布模式［J］. 地理科学进展，38（3）：428–440.

王海芹，高世楫，2016. 我国绿色发展萌芽、起步与政策演进：若干阶段性特征观察［J］. 改革，(3)：6–26.

王惠琼，2015. 穆斯林聚居区风貌特色的绿色基础设施实现途径研究［D］. 武汉：华中农业大学.

王吉力，2016. 促进“凝聚”的欧盟空间规划区域性生态策略［D］. 北京：清华大学.

王家庭，张邓斓，赵丽，2015. 中国城市蔓延的成本—收益测度与治理模式选择［J］. 城市问题，(7)：2–9.

王晶晶，尹海伟，孔繁花，2016. 多元价值目标导向的区域绿色基础设施网络规划——以古黄河周边区域为例［J］. 山东师范大学学报（自然科学版），31（3）：77–83.

王凯，陈明，2021. 中国绿色城镇化的认识论［J］. 城市规划学刊（1）：10–17.

王凯，2016. 京津冀空间协同发展规划的创新思维［J］. 城市规划学刊，(2)：50–59.

王频，刘习康，孟庆林，2013. CBD绿色缓冲区应用初探［J］. 城市规划，37（5）：74–79.

王庆华，房荣，2020. 淄博中心城区滨水生态景观与绿色基础设施建设探索——以孝妇河湿地公园、范阳河生态修复建设为例［J］. 工程建设与设计，(14)：110–111.

王世福，刘铮，2018. 线形绿色空间作为健康城市资源的机遇与挑战［J］. 城市建筑，(24)：29–32.

王通，蔡玲，2015. 低影响开发与绿色基础设施的理论辨析［J］. 规划师，31（S1）：323–326.

王小平，张飞，李晓航，等，2017. 艾比湖区域景观格局空间特征与地表水质的关联分析［J］. 生态学报，37（22）：7438–7452.

王晓峰，2018.“随山川形便”与“犬牙交错”（一）［J］. 文史天地，(4)：93.

王晓学，沈会涛，李叙勇，等，2013. 森林水源涵养功能的多尺度内涵、过程及计量方法［J］. 生态学报，33（4）：1019–1030.

王鑫，栾博，2018. 基于绿色基础设施的新型城乡生态人居设计——以咸阳渭柳长滩三生湿地公园为例［C］//世界人居（北京）环境科学研究院. 2018世界人居环境科学发展论坛（冬季）论文集.

王雪，焦利民，董婷，2020. 高密度和低密度城市的蔓延特征对比——中美大城市对比分析［J］. 经济地理，40（2）：70–78，88.

王雪原，周燕，禹佳宁，2020. 基于元胞自动机模拟城市扩张下的绿色基础设施布局演变与内涝风险评估——以武汉市为例［J］. 风景园林，27（11）：50–56.

王耀，张昌顺，刘春兰，等，2019. 三北防护林体系建设工程区森林水源涵养格局变化研究［J］. 生态学报，39（16）：5847–5856.

王云才，申佳可，彭震伟，等，2018. 适应城市增长的绿色基础设施生态系统服务优化［J］. 中国园林，34（10）：45–49.

王云才，申佳可，象伟宁，2017. 基于生态系统服务的景观空间绩效评价体系［J］. 风景园林，(1)：35–44.

王云才，王忙忙，2019. 提升水量调节服务能力的城市绿色基础设施模式［J］. 上海城市规划，(1)：1–6.

王云才，2011. 基于景观破碎度分析的传统地域文化景观保护模式——以浙江诸暨市直埠镇为例［J］. 地理研究，30（1）：10–22.

魏家星，张昱镇，梁继业，等，2020. 干旱区绿洲城镇绿色基础设施网络构建研究——以新疆阿拉尔市为例［J］. 中国园林，36（5）：24-29.

魏霖霖，蔡永立，2018. 多目标多主体视角下的上海郊野公园规划建设思考［J］. 上海城市规划，（3）：33-39.

文萍，吕斌，赵鹏军，2015. 国外大城市绿带规划与实施效果——以伦敦、东京、首尔为例［J］. 国际城市规划，30（S1）：57-63.

邬建国，2001. 景观生态学 [M]. 北京：高等教育出版社.

吴昌广，周志翔，王鹏程，等，2010. 景观连接度的概念、度量及其应用［J］. 生态学报，30（7）：1903-1910.

吴承照，陈涵子，2019. 中国国家公园特许制度的框架建构［J］. 中国园林，35（8）：12-16.

吴承照，吴志强，张尚武，等，2019. 公园城市的公园形态类型与规划特征［J］. 城乡规划，（1）：47-54.

吴缚龙，高雅，2018. 城市区域管治：通过尺度重构实现国家空间选择［J］. 北京规划建设，（1）：6-8.

吴良镛，吴唯佳，毛其智，等，2017. 京津冀地区城乡空间发展规划研究［J］. 建设科技，（20）：16-18.

吴良镛，1999. 发达地区城市化进程中建筑环境的保护与发展［M］. 北京：中国建筑工业出版社.

吴良镛，2001. 关于山水城市［J］. 城市发展研究，（2）：17-18.

吴良镛，2001. 人居环境科学导论［M］. 北京：中国建筑工业出版社.

吴良镛，2011. 中国人居环境科学发展试议——兼论生态城市与绿色建筑的发展［J］. 动感（生态城市与绿色建筑），（1）：18-19.

吴纳维，张悦，王月波，2015. 北京绿隔乡村土地利用演变及其保留村庄的评估与管控研究——以崔各庄乡为例［J］. 城市规划学刊，（1）：61-67.

吴庆洲，2002. 对20世纪中国洪灾的回顾［J］. 灾害学，（2）：62-69.

吴庆洲，2012. 古代经验对城市防涝的启示［J］. 灾害学，27（3）：111-115.

吴睿珊，章家恩，梁开明，等，2014. 生态堤岸的构建设计及其生态服务功能评价探讨［J］. 生态科学，33（1）：173-181.

吴唯佳，唐燕，向俊波，等，2014. 特大型城市发展和功能演进规律研究——伦敦、东京、纽约的国际案例比较［J］. 上海城市规划，（6）：25-36.

吴唯佳，吴良镛，石楠，等，2016. 美丽人居与和谐社区营建［J］. 城市规划，（2）：107-112.

吴唯佳，于涛方，武廷海，等，2015. 特大型城市功能演进规律及变革——北京规划战略思考［J］. 城市与区域规划研究，7（3）：1-41.

吴唯佳，于涛方，赵亮，等，2021. 京津冀协同发展背景下首都都市圈一体化评估研究［J］. 城市规划学刊，（3）：21-27.

吴唯佳，2012. “北京 2049”长期发展趋势的认识［J］. 北京规划建设，（3）：12-16.

吴唯佳，2009. 中国特大城市地区发展现状、问题与展望［J］. 城市与区域规划研究，2（3）：84-103.

吴唯佳，1999. 德国弗赖堡的城市生态环境保护［J］. 国外城市规划，2（2）：31-31.

吴伟，付喜娥，2009. 绿色基础设施概念及其研究进展综述［J］. 国际城市规划，24（5）：67–71.

吴晓，周忠学，2019. 城市绿色基础设施生态系统服务供给与需求的空间关系——以西安市为例［J］. 生态学报，39（24）：9211–9221.

吴晓，2019. 绿色基础设施生态系统服务供需及景观格局优化研究——以大西安地区为例［D］. 西安：陕西师范大学.

吴晓. 制度创新是推动永定河综合治理的关键［J］. 中国水利，（22）：1–2.

吴雪飞，谭传东，2020. 武汉中心城区生态系统服务额外需求量化评估——缘起绿色基础设施供需错配［J］. 中国园林，36（5）：127–132.

吴志才，袁奇峰，2015. 广东绿道的发展阶段特征及运行机制探讨［J］. 规划师，31（4）：105–109.

吴志强，刘朝晖，2014. "和谐城市"规划理论模型［J］. 城市规划学刊，（3）：12–19.

吴志强，干靓，胥星静，等，2015. 城镇化与生态文明——压力，挑战与应对［J］. 中国工程科学，17（8）：88–96.

吴志强，2006. 中国生态城市建设的背景和展望［J］. 建筑与文化，（4）：32–34.

武廷海，张能，2015. 作为人居环境的中国城市群——空间格局与展望［J］. 城市规划，39（6）：14–25，36.

武廷海，2002. 大型基础设施建设对区域形态的影响研究述评［J］. 城市规划，26（4）：18–22.

肖华斌，盛硕，安淇，等，2019. 供给—需求匹配视角下城市绿色基础设施空间分异识别及优化策略研究——以济南西部新城为例［J］. 中国园林，35（11）：65–69.

肖华斌，施俊婕，盛硕，等，2019. 生态系统服务优化导向下城市绿色基础设施构建研究——以济南市西部新城为例［J］. 上海城市规划，（1）：45–50.

邢英华，程翔，秦华鹏，等，2018. 基于HSPF的绿色基础设施水文效应模拟——以大浪河流域为例［J］. 北京大学学报（自然科学版），54（5）：1053–1059.

邢忠，汤西子，周茜，等，2020. 城市边缘区绿色基础设施网络规划研究——公益性产出保障导向［J］. 城市规划，44（12）：57–69.

徐樑，桑劲，彭敏学，等，2020. 生态保护红线评估调整过程中的现实问题与优化建议［J］. 城乡规划，（1）：48–57，78.

徐卫红，2019. 基于大气环流的雾霾天气PM_（2.5）污染能见度模型研究［J］. 环境科学与管理，44（8）：18–21.

许琦，孙钰，崔寅，2018. "海绵城市"建设背景下绿色基础设施雨洪管理策略研究——以中新天津生态城为例［J］. 现代商业，（31）：164–166.

严恩萍，林辉，党永峰，等，2014. 2000—2012年京津风沙源治理区植被覆盖时空演变特征［J］. 生态学报，34（17）：5007–5020.

颜文涛，王云才，象伟宁，2016. 城市雨洪管理实践需要生态实践智慧的引导［J］. 生态学报，36（16）：4926–4928.

颜文涛，萧敬豪，胡海，等，2012. 城市空间结构的环境绩效：进展与思考［J］. 城市规划学刊，（5）：50–59.

杨邦杰，严以新，高吉喜，等，2012．环首都区域水资源协调发展现状分析与对策［J］．中国发展，12（4）：1–6．

杨保军，董珂，2008．生态城市规划的理念与实践——以中新天津生态城总体规划为例［J］．城市规划，（8）：11–15，98．

杨保军，陈鹏，董珂，等，2019．生态文明背景下的国土空间规划体系构建［J］．城市规划学刊，（4）：16–23．

杨刚强，李梦琴，孟霞，2017．人口流动规模、财政分权与基本公共服务资源配置研究——基于286个城市面板数据空间计量检验［J］．中国软科学，（6）：49–58．

杨桂芳，李抒捷，张云孙，2018．绿色基础设施助推全域旅游发展的绿道设计策略——以丽江市为例［J］．中国名城，（8）：40–45．

杨俊宴，章飙，2018．安全·生态·健康：绿色城市设计的数字化转型［J］．中国园林，34（12）：5–12．

杨青，刘耕源，2018．森林生态系统服务价值非货币量核算：以京津冀城市群为例［J］．应用生态学报，29（11）：3747–3759．

杨树青，白玉川，徐海珏，等，2018．河岸植被覆盖影响下的河流演化动力特性分析［J］．水利学报，49（8）：995–1006．

杨文越，李昕，叶昌东，2019．城市绿地系统规划评价指标体系构建研究［J］．规划师，35（9）：71–76．

杨志勇，2018．公共经济学［M］．4版．北京：清华大学出版社．

姚小琴，窦华港，2009．天津海河廊道的生态修复［J］．城市规划，33（S1）：66–70．

叶林，何磊，颜文涛，等，2019．促进绿色经济的城市绿色基础设施生态系统服务——欧盟GREEN SURGE研究项目解析［J］．上海城市规划，（1）：33–39．

衣霄翔，赵天宇，吴彦锋，等，2020．“危机”抑或“契机”？——应对收缩城市空置问题的国际经验研究［J］．城市规划学刊，（2）：95–101．

义旭东，2005．论区域要素流动［D］．成都：四川大学．

殷洁，罗小龙，2013．尺度重组与地域重构：城市与区域重构的政治经济学分析［J］．人文地理，28（2）：67–73．

尹稚，王晓东，谢宇，等，2017．美国和欧盟高等级中心城市发展规律及其启示［J］．城市规划，41（9）：9–23．

尹稚，2010．低碳语境下对中国城市发展模式转型的思考［J］．动感（生态城市与绿色建筑），（2）：18–20．

于涵，陈战是，李泽，等，2021．国土空间规划背景下自然保护地乡村社区规划问题探讨［J］．中国园林，37（1）：85–88．

于洪蕾，曾坚，2017．适应性视角下的海绵城市建设研究［J］．干旱区资源与环境，31（3）：76–82．

于立，2012．中国生态城镇发展现状问题的批判性分析［J］．国际城市规划，27（3）：93–101．

于涛方，王吉力，2016．公共经济学视角下的京津冀区域协同研究［J］．中国名城，（4）：25–28，43．

于涛方，2010．国际低碳城市最新研究动态——基于两次“低碳城市”国际会议的综述［J］．动感（生态城市与绿色建筑），（2）：47–54．

于涛方，2005．京津冀全球城市区域边界研究［J］．地理与地理信息科学，（4）：45–50．

于长明，吴唯佳，2008．走向强可持续的弹性战略——特大城市地区可持续发展的规划应对［C］//中国城市规划学会．2008中国城市规划年会论文集．

于紫萍，宋永会，魏健，等，2021．海河70年治理历程梳理分析［J］．环境科学研究，34（6）：1347–1358．

俞孔坚，李迪华，李伟，2004．论大运河区域生态基础设施战略和实施途径［J］．地理科学进展，23（1）：1–12．

俞孔坚，李迪华，袁弘，等，2015．“海绵城市”理论与实践［J］．城市规划，39（6）：26–36．

俞孔坚，李海龙，李迪华，等，2009．国土尺度生态安全格局［J］．生态学报，29（10）：5163–5175．

岳文泽，吴桐，王田雨，等，2020．面向国土空间规划的“双评价”：挑战与应对［J］．自然资源学报，35（10）：2299–2310．

运迎霞，曾穗平，田健，2015．城市结构低碳转型的热岛效应缓减策略研究［J］．天津大学学报（社会科学版），17（3）：193–198．

运迎霞，胡俊辉，任利剑，2020．可持续城市形态的哲学思辨［J］．城市规划学刊，（3）：32–40．

张兵，赵星烁，胡若函，2021．国家空间治理与风景园林——国土空间规划开展之际的点滴思考［J］．中国园林，37（2）：6–11．

张华，丰超，刘贯春，2017．中国式环境联邦主义：环境分权对碳排放的影响研究［J］．财经研究，43（9）：33–49．

张华颖，2020．基于绿色基础设施的城市闲置地利用研究——以常州市为例［D］．杭州：浙江大学．

张京祥，吴缚龙，马润潮，2008．体制转型与中国城市空间重构——建立一种空间演化的制度分析框架［J］．城市规划，246（6）：55–60．

张京祥，邹军，吴君焰，等，2001．论都市圈地域空间的组织［J］．城市规划，25（5）：19–23．

张京祥，陈浩，胡嘉佩，2014．中国城市空间开发中的柔性尺度调整——南京河西新城区的实证研究［J］．城市规划，38（1）：43–49．

张京祥，2010．对我国低碳城市发展风潮的再思考［J］．规划师，（5）：5–8．

张亢，孙娟，张振广，2021．流域型绿道系统协同规划路径——以上海“一江一河”为例［J］．规划师，37（5）：52–59．

张可云，满舰远，蔡之兵，2017．美国统计区的演化历程及对中国的启示［J］．区域经济评论，（3）：144–154．

张利华，张京昆，黄宝荣，2011．城市绿地生态综合评价研究进展［J］．中国人口·资源与环境，21（5）：140–147．

张琳琳，岳文泽，范蓓蕾，2014．中国大城市蔓延的测度研究——以杭州市为例［J］．地理科学，34（4）：394-400.

张尚武，2016. 乡村的可持续发展与乡村规划展望［J］. 乡村规划建设，（1）：25-29.

张树剑，黄卫平，2020. 新区域主义理论下粤港澳大湾区公共品供给的协同治理路径［J］. 深圳大学学报（人文社会科学版），37（1）：42-49.

张松，郭怀成，盛虎，等，2012. 河流流域生态安全综合评估方法［J］. 环境科学研究，25（7）：826-832.

张韵，王睿，2014. 西藏小城镇绿色基础设施构建及空间组织——以西藏自治区江达县城区为例［C］//中国城市科学研究会. 2014（第九届）城市发展与规划大会论文集.

张臻，曹春霞，何波，2020. 国土空间规划体系重构语境下"双评价"研究进展与趋势［J］. 规划师，36（5）：5-9.

张争胜，刘玄宇，牛姝雅，2017. 尺度政治视角下中菲黄岩岛争端. 地理研究，36（10）：1915-1924.

章征涛，宋彦，阿纳博·查克拉博蒂，2015. 公众参与式情景规划的组织和实践——基于美国公众参与规划的经验及对我国规划参与的启示［J］. 国际城市规划，30（5）：47-51.

赵彪，王开泳，王甫园，等，2021. 中国县级以上行政边界的特征及其变动趋势［J］. 地理研究，40（9）：2494-2507.

赵晨晓，刘春卉，魏家星，2021. 缓解城市热岛效应的南京市绿色基础设施网络构建方法［J/OL］. 浙江农林大学学报，38（6）：1127-1135.

赵领娣，张磊，2013. 财政分权、人口集聚与民生类公共品供给［J］. 中国人口·资源与环境，23（12）：136-143.

赵路，郭羽，2020. 上海风电发展路径和对策研究［J］. 上海节能，（8）：820-826.

赵民，何丹，2020. 论城市规划的环境经济理论基础［J］. 城市规划汇刊，（2）：54-59.

赵荣，陈绍志，张英，等，2013. 中央林业投资现状、问题与政策建议［J］. 林业经济，（6）：46-50.

赵天宇，刘宇舒，2015. 严寒地区村镇体系规划的绿色观及实现途径［J］. 规划师，31（6）：67-70.

赵万民，赵炜，2005. 山地流域人居环境建设的景观生态研究——以乌江流域为例［J］. 城市规划，（1）：64-67.

赵万民，冯矛，李云燕，等，2021. 生态文明视角下山地城市绿色基础设施规划研究——以重庆市九龙坡区新城为例［J］. 城市规划，45（7）：91-103.

赵雪菲，2018. 绿色基础设施对优化兰州雨水资源利用的研究［D］. 兰州：兰州大学.

赵燕菁，2013. 土地财政与政治制度［J］. 北京规划建设，（4）：167-168.

赵子夜，2018. 中国"三北"防护林工程建设现状及思考［J］. 南京林业大学学报（人文社会科学版），18（3）：67-76，89.

郑洁，付才辉，张彩虹，2018. 财政分权与环境污染——基于新结构经济学视角［J］. 财政研究，（3）：57-70.

周剑云，2012. 城市步行的意义［J］. 风景园林，（6）：153-154.

周玫竺，姚亦锋，2005. 线型动态景观探究——以台北捷运系统淡水线忠义站—淡水站为例［J］. 中国园林，（6）：44-48.

周盼，吴佳雨，吴雪飞，2017. 基于绿色基础设施建设的收缩城市更新策略研究［J］. 国际城市规划，32（1）：91–98.

周艳妮，尹海伟，2010. 国外绿色基础设施规划的理论与实践［J］. 城市发展研究，17（8）：87–93.

朱邦耀，李秀霞，刘家福，等，2013. 基于GIS的吉林省自驾车旅游线路研究［J］. 国土与自然资源研究，（2）：84–85.

朱蓉，石文辉，王阳，等，2018. 我国风电开发利用的生态和气候环境效应研究建议［J］. 中国工程科学，20（3）：39–43.

宗敏丽，2015. 城市绿色基础设施网络构建与规划模式研究［J］. 上海城市规划，（3）：104–109.

邹德慈，石楠，张兵，等，2005. 什么是城市规划?［J］. 城市规划，（11）：25–29，36.

后 记

本书改编自我的博士论文《城市—区域尺度绿色基础设施观察体系与治理研究》。论文选题源自清华大学建筑与城市研究所开展的科研项目“城乡规划领域推动绿色发展的路径分析和对策建议”。研究初探适逢2018年国务院机构改革，在国土空间规划体系整体框架建立之初，城乡规划领域绿色发展路径面临着一系列不确定性。我之前脑海中为研究设想的几稿研究框架也不断被推翻。

幸运的是，我所在的清华大学建筑与城市研究所有一大批杰出的老师和学生，他们以吴良镛院士的“人居科学“为共同纲领，同样也在为新形势下国土空间规划创新夜以继日地开展研究。我的导师吴唯佳教授在那几年中作为研究所的带头人，依托京津冀和北京的重大研究项目以及清华大学建筑学院的教学实验平台，以建设美好人居和推进国家空间治理现代化为目标，关注研究方法、布局理念、体制转型等方面的创新，开展了一系列卓有成效的工作。在跟随吴老师学习的过程中，吴老师建议我回归学术的视角，关注空间现象本质与模型方法，创新开展博士论文研究。我听从吴老师的建议，果然后续研究得以顺利开展。

令我印象最深的是每周师门读书会上，每当我有新的想法滔滔不绝地向老师和同学们输出时，吴老师总是微笑着先让学生们不拘泥于年级、身份畅所欲言，然后再发人深省并耐心地点拨。如果将本书的研究思路生成比作一棵树苗扎根、抽枝、散叶的过程，发散、稚嫩的想法就似冒出枝头的新芽，有些可以产出创新的种子，有些则是旁逸斜出，需要适时引导。吴老师的教诲不似生硬的花匠，而更多地像光照、引力等自然环境，让创新萌芽暴露在真实问题语境中，使学术研究“自然选择”地走向正确方向。

感谢北京大学吕斌教授、哈尔滨工业大学董慰教授、东南大学李百浩教授、同济大学孙施文教授以及清华大学建筑学院于涛方副教授、武廷海教授、李锋教授、边兰春教授、龙瀛副教授、党安荣教授在论文研究各阶段所给予的点评与建议。不胜荣幸能够获得众多老师的指点，他们对学术共同的高要求激励着我不断改进。感谢清华大学建筑与城市研究所赵亮副教授、黄鹤副教授、唐燕副教授、王英副教授、孙诗萌副教授、袁琳副教授、周政旭副教授、朱宝凤老师、梁伟侠老师对我日常学习生活的帮助，各位使我感受到大家庭般的温暖。

感谢北卡罗来纳大学教堂山分校宋彦教授以及Todd BenDor教授在我访学期间的指导，在他们的建议下我考察了一些当地先锋绿色项目，对后续研究视野的拓展裨益颇深。感谢师门郭磊贤、赵文宁、秦李虎、唐静娴、张建新、吴骞、刘艺、杨建亚、刘恒宇、哈日桂、王怡鹤、吴廿迎、孟祥懿等同学，我们共同完成过艰难的课题，也在交流中共同成长。在本书成书过程中，中国建筑工业出版社建筑分社陆新之、黄翊老师提供了大量的帮助和支持，精心组织审校使本书得以呈现。最后，感谢我的父母和姐姐，谢谢你们一直以来的关心、支持与包容。

由于技术原因，原论文中部分引用史料与插图在出版时删去，读者可通过清华大学图书馆查阅原论文完整内容。

刘钊启

2023年8月于深圳